科尔沁牛

草原红牛

新疆褐牛

摩拉公水牛

西藏公牦牛
(张容昶提供)

美国荷斯坦牛

娟姗牛

爱尔夏牛

更赛牛

短角公牛

瑞士褐牛

牛体后躯、侧面及尻背部

畜禽养殖技术管理丛书

怎样提高养奶牛效益

王福兆　　编著

金盾出版社

内 容 提 要

本书共6章。第一章简述了我国奶牛业概况、存在的问题及其发展趋势，为学习和掌握养奶牛技术提出了方向。其余5章首先谈了存在的误区，并针对误区全面系统地介绍了选种与改良、改善环境与福利管理、备足草料与合理饲养、挤奶与生鲜奶的卫生管理以及不断提高经营水平等技术措施。本书适于中小型奶牛场(户)的科技与管理人员阅读，也可供农业院校相关专业师生参考。

图书在版编目(CIP)数据

怎样提高养奶牛效益/王福兆编著. —北京：金盾出版社，2004.12

(畜禽养殖技术管理丛书)

ISBN 978-7-5082-3265-2

Ⅰ.怎… Ⅱ.王… Ⅲ.乳牛-饲养管理 Ⅳ.S823.9

中国版本图书馆CIP数据核字(2004)第104739号

金盾出版社出版、总发行

北京太平路5号(地铁万寿路站往南)

邮政编码：100036 电话：68214039 83219215

传真：68276683 网址：www.jdcbs.cn

彩色印刷：北京百花彩印有限公司

黑白印刷：北京蓝迪彩色印务有限公司

装订：东杨庄装订厂

各地新华书店经销

开本：787×1092 1/32 印张：7.625 彩页：4 字数：165千字

2009年8月第1版第4次印刷

印数：37001—38000册 定价：11.00元

前　　言

我从事奶牛专业教学、科研工作50多年。教学、科研之余，很愿为农村养奶牛户撰写一些科普读物。前几年，《农村养殖杂志》约我撰写《提高奶牛生产效益100例》(见《农村养殖杂志》2000年10期至2002年13期)。当我看到读者来信反映说，他“读了《提高奶牛生产效益100例》后用于指导生产实践，其奶牛的产奶量比原来提高了15%”(见《农村养殖杂志》2001年12期37页)。还有不少读者写信、来电话说，拜读了您所著的关于《提高奶牛生产效益100例》当中一篇文章，很想得到这份资料的全部内容，等等。这些反馈意见使我感到非常欣慰。这次承蒙金盾出版社约我撰写《怎样提高养奶牛效益》，我更加高兴。在全国奶牛业迅速发展之际，我认为为农户撰写这本科普读物更加必要。正如我国著名营养学家于若木为《2002年中国奶牛年鉴》题词中所说：“食奶者健，养牛者富。”这8个字准确地说出了养奶牛对增强我国人民健康和增加农民经济收入、加快农民致富的重要意义。基于这种认识，最近一段时间，几乎花了全部精力撰写这本书，很想为农民增收奉献一点微薄之力。我的孙女王奕娜还帮我画了图解。但由于作者水平所限，差错之处在所难免。所以，殷切希望得到读者的批评和指正。

编著者

2004年6月

作者通信地址:天津市西青区天津农学院
邮政编码:300384
联系电话:022—88291995(天津);029—87889289(西安)

目　　录

第一章　我国奶牛业概况及发展趋势

养奶牛致富，必先了解我国养奶牛的历史、现状及发展前景，同时还要了解养奶牛中存在的主要问题和误区。只有这样，奶牛场(户)才能学好技术、用好技术，把奶牛养好，提高养奶牛效益。

一、我国奶牛业概况

在我国，奶牛一般是指专用奶牛品种及奶用改良牛，即荷斯坦牛及其杂种牛、三河牛、新疆褐牛和部分西门塔尔牛。笔者认为，可供作奶用或奶肉方向发展的杂种牛、黄牛、水牛、牦牛和犏牛，也应包括在内(限于篇幅，本书主要介绍荷斯坦牛)。我国北方和西南少数民族地区，利用黄牛挤奶供作食用，也有5 000多年的历史。但牛奶作为商品生产，则仅有100多年的历史。据记载，早在1840年(鸦片战争)以前，我国已从英、法等国引进荷兰牛、娟姗牛等品种，但为数很少。鸦片战争后，外国商人和传教士不断有人带进奶牛，19世纪末至20世纪初，我国民间饲养奶牛日渐增多。为了增加奶牛的数量，1878年以后，上海浦东开始用荷兰牛与黄牛杂交，但数量有限。据中国年鉴记载，1936年我国有奶牛9 490头。其中荷斯坦牛2 607头，爱尔夏牛171头，更赛牛138头，娟姗牛102头。抗日战争胜利后，1947年联合国善后救济总署援华奶牛3 352头。其品种主要为美、加等国的荷斯坦牛和澳大利亚、新西兰的爱尔夏牛与娟姗牛等9个品种。这批牛对我国奶牛业影响较大。但当时国内奶品市场因受国际市场奶品倾销的挤压，再加上多年战乱，至1949年中华人民共和国建立前，我国仅有荷斯坦牛2万余头，主要分布在上海、北京、天津、南京、大连、济南、西安、重庆、武汉等大城市。

据文献记载，中华人民共和国建立前，商营奶牛场由于饲养管理粗放，只顾眼前牟利，冬季仅喂稻草，夏天收些青草搭喂。精料也极单纯，不顾营养，有的专喂豆饼或麸皮，有的专喂豆饼或酒糟；多数不喂盐，矿物质更谈不到。所以奶牛产奶量很低，体格瘦弱。对奶牛配种和犊牛发育更为忽视，犊牛少量喂鲜奶后，就换成稀饭与豆浆。所以，犊牛发育甚差。

新中国建立之初，奶牛大多为个体分散饲养，品种混杂，饲养管理粗放，疫病蔓延，尤以结核病和布鲁氏菌病颇多。奶牛单产低，牛奶质量差，但奶价很高，0.5千克牛奶的售价大约等于1千克猪肉的价格。根据这种情况，为了把牛奶生产搞上去，改善人民生活，为子孙后代造福，在党的领导下，全国广大奶牛科技工作者，在推广奶牛生产技术方面做了大量工作，对促进我国奶牛发展起了重要作用。

（一）牛群净化与扩群

据报道(肖定汉)，新中国建立初期，奶牛结核病、布鲁氏菌病阳性率占80%。这两种病属人、兽共患病，严重影响牛奶的食品安全。由于采取全面多次检疫，处理阳性牛和隔离病牛等措施，使“两病”得到了控制。培育出了大批健康牛群。与此同时，有不少奶牛场从黑龙江购入滨州牛，扩大牛群数量。为了改善奶牛饲养条件，城区不少奶牛场迁址至郊区，实行农牧结合。有的还开始试制青贮饲草。

由于采取了上述各项技术措施，许多牛群健康状况有了好转，产奶量开始上升，供奶情况有了好转。

（二）推广人工授精

推广人工授精是加速奶牛群繁殖和改良的一项有效技术措施。新中国成立50多年以来，广大科技人员和生产者一直非常重视这一技术的应用与推广，从而使牛群得到了不断的改进和提高。

新中国成立之初，是采用自然交配方式，1头种公牛只能负担几十头母牛的配种。使用新鲜精液人工授精后，增加到200多头；采用冷冻精液后，增加到4000多头甚至更多。由于优秀种公牛利用率的大幅度提高，大大加快了牛群的品种改良，奶牛的产奶量也逐年得到了提高。例如，20世纪50年代，北京采用自然交配时，每头奶牛年产奶仅有4500千克；60年代使用新鲜精液人工授精后，每头平均产奶量达5000千克；70年代初推广冷冻精液人工授精后，1979年单产产奶量已达5798千克，1982年单产提高到6540千克，到90年代有的提高到7000～8000千克。由此可见，提高种公牛质量和推广冷冻精液人工授精，是改良牛群、提高产奶量最有效的一项措施，必须长期坚持。只有这样，牛群质量和产奶量才能提高。

近些年来，以人工授精和胚胎移植为基础发展起来的生物高技术，如胚胎分割、性别鉴定、活体取卵、体外受精、基因移植等也开始在品种改良和奶牛生产中应用。有条件的奶牛场应积极推广，应用于实践。

（三）开展育种工作

提高奶牛群产量及质量，育种工作是核心。新中国成立50多年来，经过广大科技工作者长期努力，我国奶牛群体质量有了很大的提高。如前所述，新中国建立初各地针对奶牛群品种混杂、疾病蔓延的情况，普遍对牛群进行了整顿，并逐步开展了各自的育种工作。

为了开展地区间的合作育种，20世纪70年代初在农业部领导下，先后成立了北方和南方黑白花奶牛育种科研协作组。到80年代初，在两个协作组基础上又组建成立了中国奶牛协会。通过多年合作和联合育种，中国黑白花奶牛品种（1992年改称中国荷斯坦牛）于1984年育成。为了继续提高中国荷斯坦牛质量，在此基础上又继续开展系统的牛群选育提高工作。特别是在改进外貌线型鉴定、良种登记、后裔测定、生产性能测定等方面做了大量卓有成效的工作，从而使我国荷斯坦牛的泌乳期产奶比1972年（平均产奶3 335千克），提高了近4成。据统计，1985年518个育种牛群96 499头成年母牛各胎次平均产奶为6 026.9千克，其中符合品种标准成年母牛21 095头（1984年），各胎次平均产奶量为6 359千克，平均乳脂率3.56%。

五十多年来，除育成中国荷斯坦牛外，还于1983年育成了新疆褐牛，1985年育成了草原红牛，1986年育成了科尔沁牛，2001年育成了中国西门塔尔牛。在水牛和一部分牦牛中通过杂交改良，也普遍地提高了产奶、产肉和役用能力。

（四）改进饲养管理技术

饲料是奶牛饲养的物质基础，其费用往往高达总费用的

70%以上。因此,改进奶牛的饲养技术,对改良牛群,提高产奶性能与繁殖能力,降低成本,增加经济效益都具有十分重要的作用。

第一,新中国建立初期,为了改变奶牛饲养沿用有啥喂啥和用养黄牛方法养奶牛的饲养方式,许多城市的国有农场为奶牛划拨了饲料田,种植青绿饲料,并开始推广青贮饲料,从而为奶牛创造了可靠的饲料基地。

第二,1959年上海市牛奶公司开始应用饲养标准、奶牛日粮定额等规程。1979年,我国制定了奶牛饲养标准草案。1985年,中华人民共和国专业标准《高产奶牛饲养管理规范》开始实施;同年,推广犊牛早期断奶技术,培育1头犊牛的用奶量由1000千克降到400千克,降低了培育成本。此外,还推广了发酵初乳喂犊牛,效果良好。

中华人民共和国专业标准《高产奶牛饲养管理规范》(简称"规范")公布实施,受到全国的重视。《中国奶牛50年》(海洋出版社,2000年)一书认为,"规范"是我国奶牛业规范管理的里程碑,该"规范"围绕成年母牛不同泌乳阶段划分了干乳期、围产期、泌乳盛期、泌乳中期和泌乳后期五个阶段(有人称五段饲养法),"规范"根据各阶段的营养要求,同时规定了相应的饲养管理制度。通过多年的实践证明,该"规范"是养好奶牛的一项行之有效的配套技术。例如北京市自1987年推广围产期饲养管理以来,到1991年全市每头奶牛年产奶由6063千克提高到6899千克,其中国有的奶牛场由6654千克提高到7304千克,集体奶牛场由4862千克提高到6172千克。另据笔者试验,按体况、产奶量和胎间距三项指标,采取奶牛个体阶段饲养。试验期内对三项指标定期测定与分析,并研究其变化与三者之间的相互关系。在此基础上从个体入手宏观全群，对普遍存在问题进行整体调控。经1032头奶牛试验结果，泌乳盛期（产后100天）平均单产比上年同期净增加408.8千克，增奶效果十分明显。试验结果还表明，阶段饲养不仅提高了产奶量，改进了牛奶质量，而且提高了奶牛的繁殖力。

第三，1977年北方奶牛协作组在西安举办“秸秆利用经验交流会”，从此为推广玉米秸秆等粗饲料的青贮、氨化、微贮和揉碎技术开了个好头。

第四，1982年长沙市国有农场进行配合饲料喂养奶牛的试验项目，结果表明与传统饲料相比，应用配合饲料使每头奶牛平均日产奶由21.65千克提高到28.99千克。此项试验为推广配合饲料奠定了基础。

第五，1986年我国奶牛饲养标准公布实施，从此我国有了自己的奶牛饲养标准。标准实施后，牛群单产提高5%～30%。

（五）推广机器挤奶

传统的手工挤奶方法劳动强度大，生产效率低。一个人每天最多挤8～10头，而采用管道式挤奶器，可承担25～50头；用挤奶台挤奶，可承担80～100头。即便采用桶式小型挤奶机挤奶，也可比手工挤奶提高工效1.5～2倍。此外，机器挤奶可改善牛奶卫生质量。我国采用机器挤奶较晚。1954年上海开始引进前苏联等国挤奶机。20世纪60年代，美国友人阳早、寒春夫妇在西安草滩农场参考新西兰挤奶器构造，开始试制挤奶机。20世纪80年代初，上海开始自制挤奶机械，推广机器挤奶。此后阳早夫妇还研制了“电脉动式管道挤奶成套设备”、“鱼骨式挤奶台”以及不锈钢保温奶缸等。从此我国有了自己的挤奶机制造业。1983年,北京市仅有管道式挤奶机34台,提桶式挤奶机16台,转盘挤奶机一台,机械挤奶只占10%。20世纪90年代以来,除本国的挤奶机器制造业有了较快的发展外,还不断引进国外各种型号挤奶机。所以,目前采用机器挤奶的奶牛场日渐增多。

(六)实行国有、集体、个人一起上的方针

我国奶牛业的所有制成分构成,在1978年以前,国有占94%。到了1997年,调整到国有占16.3%,集体占6.84%,户养占76.86%,户养已占主导地位。到2000年,全国奶牛数量已发展到488.7万头,比1978年的48万头增加了9.18倍。2001年,全国奶牛数566.2万头,比2000年增长15.85%;2002年,全国奶牛数已发展到687.3万头,比2001年增长21.5%。奶牛之所以发展如此迅速,主要是个体养奶牛剧增。为保证原料奶质量,户养也将逐渐由分散向集中发展,实行规模饲养。

二、奶牛业存在的问题

新中国成立50多年来,我国奶牛业有了突飞猛进的发展。奶牛数量由1949年的12万头增加到2003年的758.7万头,奶产量由20万吨增加到1300万吨。但是,我国养奶牛基础还是比较薄弱,良种奶牛比例偏小,优质牧草缺乏,与奶牛业发达国家相比,尚有很大差距。

(一)奶牛单产水平低

目前我国成年奶牛的平均单产仅3500千克,与世界平均

水平 5 500 千克相差 2 000 千克，与世界奶牛业发达国家单产近 8 000 千克相比，更是相差太远。主要原因有二：一是良种奶牛数量所占比例偏小；二是饲养水平低。

由于奶牛业的快速发展，奶牛尤其是高产奶牛成为我国畜牧养殖业的紧俏商品。2000 年，我国 488 万头存栏奶牛中，纯种的荷斯坦奶牛只有 150 万头。因为每年增加的纯种荷斯坦奶牛数量十分有限，导致我国进口奶牛数量增加。据不完全统计，2001～2002 年，我国从国外进口奶牛数量接近 1 万头。可见，我国良种奶牛数量极其不足。

改革开放以前，我国奶牛基本上由国营奶牛场养殖和生产。1978 年后，集体奶牛饲养量迅速上升。1990 年以后，个体饲养规模迅速壮大起来。由于个体饲养户的饲养水平低，是导致奶牛产奶水平低的一个重要原因。

虽然我国奶业增长速度很快，但与世界平均水平相比，我国人均奶类占有量还非常低。2000 年，我国人均奶类占有量为 7.3 千克，而世界平均水平为 100 千克，其中，西欧、东欧、俄罗斯、大洋洲和北美洲等地区，人均达到 200 千克以上。我国人均奶类占有量仅为世界平均水平的 7.3%。

（二）缺乏优质粗饲料，奶牛日粮配比不合理

饲料是奶牛生产的物质基础，是奶牛业发展的关键环节。优质粗饲料缺乏，尤其是优质牧草（如优质苜蓿）缺乏是制约我国奶牛业发展的关键因素。目前我国奶牛饲料主要依靠粮食、作物副产品、秸秆和少量天然牧草，人工种植的优质牧草在奶牛饲料中用得很少。大多数农户饲养奶牛仍沿用传统的饲养方式，饲料品种单一，使得奶牛日粮中营养不足，蛋白质缺乏，氨基酸不平衡，矿物质和维生素严重缺乏，导致饲料的

转化率低，产奶量和乳脂率低，奶牛易发生营养代谢病，缩短了奶牛的利用年限，严重制约了奶牛业的发展。

（三）奶牛发病率较高

由于近两年全国范围的“奶牛热”，奶牛成为紧俏商品，奶牛贸易频繁，加上动物卫生检疫制度不完善，使得一些地方已经出现了牛结核病、副结核病以及布鲁氏菌病等烈性传染病，甚至有流行的趋势。许多农户、公司在缺少系统的奶牛养殖知识的情况下盲目引进种牛，对引进牛的品质、性能、疫情等情况全然不知，甚至买回一些淘汰牛。农户缺乏科学养牛的知识，加上买回的奶牛有繁殖疾病（发情异常、屡配不孕）、乳房炎、子宫内膜炎和肢蹄病等，使得我国奶牛常见疾病的发病率较高，治疗费用大，奶牛过早的（往往只生2~3胎）淘汰，极大地降低了奶牛养殖的收入。

（四）原料奶和乳制品的质量不稳定

乳品质量是影响乳品消费和奶牛业发展的一个重要因素。奶牛本身的健康状况、奶牛饲养的环境卫生、牛奶中营养成分的含量、牛奶的卫生指标以及奶牛饲料的安全性是影响原料奶质量的关键因素。原料奶的质量又影响乳制品的质量。

我国目前牛奶生产中80%是手工挤奶，且日益增多的个体奶农不注意奶牛疫病防治，原料奶细菌超标，抗生素含量过高。加之很多乳品企业加工设备陈旧、工艺落后等问题，一直制约着乳制品质量的提高，影响到乳品的消费。

（五）乳品企业技术水平低，产品缺乏国际竞争力

我国乳品产业是一个新兴而又相对传统的产业。乳品企业及品牌带有强烈的地域色彩，很多是低水平重复建设，生产不规范，竞争无秩序。由于我国乳品企业规模小，劳动生产率低，乳制品的价格高于相应产品的国际贸易价格，缺乏国际竞争力；加入世界贸易组织后，乳制品进口关税税率逐步下降，外国乳品企业会大批进军我国乳品市场，对我国乳品企业的冲击会很大。

三、我国奶牛业的发展趋势

奶牛业在我国是极具发展潜力的朝阳产业。把养奶牛作为农村经济新的增长点，是充分利用秸秆等饲料和劳力资源，加快脱贫致富的有效途径。据农业部总经济师贾幼陵介绍，原料奶产量在未来5年平均增长速度保持在12%～15%，力争到2007年使鲜奶产量增加到2 600万吨，年递增13.3%，奶牛年单产水平提高到4 500千克，奶业产值占畜牧业的比重，由3.3%提高到8%～10%，奶牛良种比例由目前的1/4提高到1/3。要实现上述目标，关键要靠国家政策的引导和政府的积极扶持。当前，养牛户资金不足，社会化服务体系不够完善，部分地区存在卖牛难、卖奶难、引种难、配种难、防病治病难等问题，也时轻时重地影响着我国奶牛业的发展。根据生产和市场的现状，我国奶牛业发展将呈如下的趋势。

第一，在生产方式上，要逐步实行规模饲养。我国牛奶业的所有制成分构成，在1978年以前，国有占主导地位，而目前户养已占主导地位。例如，北京的国有奶牛场，已退出一般性

商品生产，退出近郊，让远郊农民去养。为保证原料奶和牛肉质量，户养也将逐渐由分散向集中发展，实行规模饲养。

第二，完善社会化服务体系。为帮助农户克服引种难、卖牛难、卖奶难、防病治病难等后顾之忧，养牛业将由公司牵头，通过“公司＋基地＋农户”等途径，走生产、加工、销售一体化的路子。公司提供收购、配种、防疫和供应饲料等服务，对养牛户实行价格保护。石家庄的三鹿集团，带动周围67个县1万个农户饲养了18万头奶牛。江西省金牛集团，带动300个农户养了7000头奶牛。实践证明，这是中国养牛业发展的成功经验。

第三，在饲养方式上，应走节粮型畜牧业的道路。从我国的饲料资源看，可用于畜牧业的粮食有限，但是有大量农作物秸秆，其数量相当于北方草原每年打草量的50倍。此外，农区还有大量棉籽饼（粕）、菜籽饼（粕）、糠麸等农作物加工副产品，可以作为草食家畜廉价的精饲料。奶牛作为草食家畜，能够利用饲料中的粗纤维，还能充分利用低等生物的蛋白质和非蛋白氮，在很大程度上可避免与其他牲畜争夺饲料资源。奶是饲料转化率最高的畜产品，奶牛能将饲料中能量的20%、蛋白质的23%～30%转化到奶中。用1千克饲料喂养奶牛所获得的动物蛋白质比喂猪高2倍。在人口增长对土地和粮食压力日益增加的情况下，以较少的精料投入，用大量不能养猪、养鸡的青粗饲料去喂养奶牛和肉牛，无疑是最佳的选择。

第四，在饲养品种上，大中城市郊区，宜饲养纯奶用品种牛。在广大农牧区，发展兼用型牛是较有前途的。在奶牛发展条件还不成熟的阶段，肉牛可以成为经营养牛业的开端，而最终形成独立的奶牛业、肉牛业和兼用型的养牛产业。

第二章 选种与改良

优良品种是高产优质高效的前提。引种必须选择良种，更要适应本地区的气候、饲料等条件。但品种再好，不重视选育改良，也会变为低产群；品种不好，经过选育改良，也会变为高产群。所以，牛群一定要不断改良选育，留优去劣，才能高产优质高效。

一、选种与改良中存在的误区

奶牛场(户)选择什么品种，它的生产性能是否符合市场需要，对本地气候、饲料条件是否适应等，这是奶牛生产中最为重要的因素之一，也是首先要考虑的问题。但有不少农户养奶牛心切，急于上马，对欲购地区的奶牛缺乏了解，甚至对欲购牛品种的品质、生产性能、系谱、年龄、繁殖及健康、疫情检测等情况全然不知，有时甚至把不孕牛、病牛选购回来。这不仅给自己造成很大损失，还给本区防疫工作造成困难。所以，选种、引种是件大事，一定要慎之又慎，不可草率从事。

(一)在选种方面的误区

1. 只认黑白花片 任何一个纯种奶牛品种，都具有其独有的外貌特征。中国荷斯坦牛由于其产奶性能高，在我国分布最广。但其杂种也较多。所以，有一些违背商业道德者，故意弄虚作假，以杂种牛冒充纯种牛，用低产牛冒充高产牛。以次充好，以假乱真，使农户上当受骗，造成经济损失的事件时

有发生。所以,奶牛场选购奶牛一定要学会外貌鉴定技术,防止上当受骗。目前存在的误区主要有:

(1)不重视外貌结构 奶牛体型结构的好坏与产奶性能关系非常密切,尤其是乳房和肢蹄对提高产奶量十分重要,不能只认有黑白花片牛就行。

(2)被毛染色 造假者利用黑白花牛与黄牛杂交的一代、二代杂种牛黑白花毛色特征不明显的个体,不惜用高价进行"焗油"、隆胸等伪装,以杂种充当纯种黑白花牛。

(3)以次充好 造假者为隐瞒真相常常出售干奶牛或头胎牛,使买牛者误认乳房小(一把抓),是正常现象。产犊后,产奶甚少,购牛者方知上当受骗;还有的把"瞎乳头"或异性双胎母牛购入充当奶牛。瞎乳头永远不会产奶,异性双胎母牛阴道短小,乳房极不发达,95%以上个体,既不产奶,也不能繁殖。

(4)不重视乳房结构的选择 尤其是采用机器挤奶的奶牛场(户)。乳房韧带要承受挤奶器的重量,必须结实;4个乳头分布必须匀称,乳头长度在4~5厘米之间,才有利于乳杯吸附。对后肢飞节内向严重的个体,绝不可选购。

(5)"镶牙牛" 造假者将老龄牛已磨小了的门齿,经过镶补恢复到初磨时的大小。还有"磨牙牛"。造假者将年龄在"齐口"以上牛的牙齿经打磨,谎称"对牙牛"。其具体做法是将门齿中的钳齿保留,其他6枚门齿一律打磨成乳齿般大小。

(6)"修角牛" 造假者有意将牛角截短,并磨去一两个角轮,使购牛者判断失误,所以,如发现有修角迹象,就应结合牙齿鉴定进行年龄认定。

2. 不索要或查阅系谱 查阅奶牛三代血统记载,是判断是否是纯种牛的重要证据。但有的奶牛场(户),买牛不看系谱,这对选种选配极为不利。如对血统记载有怀疑,还可结合奶牛的外貌进行选择。

3. 不做健康检查 不调查是否发生过传染病,尤其是结核病、布鲁氏菌病等。在这方面受害者,时有发生。所以,如无检疫证、健康证,奶牛场(户)千万不可购买,以免上当受骗。

4. 不查阅欲购牛的产奶性能 产奶性能(包括乳脂率、蛋白率)是代表奶牛品种特性的一个最重要指标。有些奶牛场(户)选购奶牛往往不查阅或现场也不观察产奶实况。对欲购牛的产奶性能全不了解,只要是有黑白花片就行。这样的牛买入后又怎样对它进行合理的饲养管理呢?所以,选购时除从外貌、系谱考察外,一定要设法弄清欲购奶牛的生产性能。

(二)在牛群繁殖改良方面的误区

一个牛群产奶量不高并不可怕,怕的是不去改良它。牛群不改良,就会退化。退化了的牛群,无论怎样加强饲养管理,也不会变成一个良种牛群。但是,目前有许多奶牛场(户)还不认识这一点,不了解改良牛群的重要作用。有的场(户)虽然认识到这一点,但是因为奶牛群改良周期长,短期内不易见到实效,所以对牛群改良也不多加考虑。正因为有这一短视行为,因而牛群质量逐年下降,产奶量越来越低。这不仅造成当前损失,而且对今后的损失更大。其表现形式主要有以下几点。

1. 无牛籍档案 牛不编号,不记录产奶性能,不进行外貌评分,配种后不登记与配公牛号,不预计配种分娩日期,无病历记录等等。没有这些记录,对牛群改良是无从下手的。

所以，为了使奶牛的产奶性能越来越高，外貌越来越好，必须建立育种记录和牛籍档案。

2. 不做选配计划，不防近亲交配 只有合理的牛群选配，才能巩固和提高牛群选种的效果。选购的奶牛，产奶性能有高有低，健康状况有好有坏，只有通过合理选配，才能使牛群不断得到改良。但是，有些奶牛场(户)不做选配计划，也不在选购优良公牛精液上下功夫，有时甚至看那头公牛精液价最低，就买那头公牛的精液，或者用公黄牛本交，只要能生牛、产奶就行。结果造成牛群退化。特别是近亲交配(指三代以内的公、母牛交配)，使牛群生活力下降，产下弱犊，产奶量很低。

3. 体重不达标就配种 多年的实践表明，育成母牛体重不达 350～400 千克，不宜过早配种。一些奶牛场(户)由于培育措施不得力，育成母牛年龄虽然已超过 18 月龄，但是体重还不足 300 千克。如果开始配种，其结果是初胎牛常常发生难产，不得不进行人工助产。助产容易引发阴户破裂，继发子宫内膜炎，影响下胎正常繁殖。此外，由于本身生长发育不良，个体小，造成终生体重不足和产奶量不高的个体比较多见。因此，育成母牛不达配种标准体重，切不可急于配种。应该加强犊牛、育成母牛的培育，尽快达到配种标准体重。这样不仅可加快牛群改良，还可以降低后备牛的饲养成本，收到良好的经济效益。

4. 不称重，不量体尺 奶牛场(户)应对犊牛每月或每季度称重和测量体尺(体高、胸围)1 次。这样既可根据其生长发育状况，及时改进饲料配方和培育方案，又可作为选种依据，可谓一举多得。但有些奶牛场(户)，不认识这一点，对犊牛、育成牛饲养和生长发育不够关心，任其自然生长，其结果不仅浪费了饲料，加大了饲养成本，又延缓了配种年龄，造成严重的经济损失。

5. 选种上的片面性 不少奶牛场(户)选种只求产奶量高,而忽视乳脂率和蛋白率等指标的选种。牛群产奶量虽有所提高,但乳脂率、蛋白率却有所下降。牛奶稀薄乏味,浓香味消失,干物质减少,其后果是得不偿失。总结世界奶牛选种经验表明,19世纪选择荷兰牛时,只注意产奶量的提高,而忽视了乳脂率和体质的结实性,结果产奶量虽然提高了,但乳脂率却下降很大,奶牛体质变得衰弱。这是早年奶牛选种出现的教训,值得记取。

6. 只顾产奶,忽视了配种 健康的母牛产犊后,最理想是1年1犊。成年母牛1年中有305天产奶,60天干奶期。实践表明,这样母牛一生可多次出现产奶高峰,对产奶与获得犊牛都十分有利。可是有些奶牛场(户)为获得当前利益,从产后一直挤到没有奶时方才停止挤奶。由于奶牛过度消耗营养,出现发情不明显,性周期紊乱,较难受孕,进而影响到产奶量的提高。这种做法所造成的损失是很大的,应该尽快加以纠正。

7. 舍不得淘汰牛 各国实践表明,全面提高牛群健康状况和产奶性能,必须对牛群进行筛选,即去劣留优。但有的奶牛场(户)对患有乳房炎、严重肢蹄病和不妊症的牛,舍不得淘汰,认为多1头牛,就会多产一点奶。不计算投入和产出是否有利。其结果不仅造成牛群单产水平下降,增加了饲养生产成本,而且降低了总体效益。结果是事与愿违。

8. 不愿用冻精人工配种 迄今仍有不少奶牛场(户)误认为冻精配种受胎率低,喜欢采用公牛本交。本交的弊病较多,易于发生牛滴虫病,引起奶牛妊娠早期流产和难以配种成功等。这一教训,值得记取。

二、怎样选择奶牛良种

奶牛是指以产奶供人饮用为选种目的，经过长期选育，达到一定产奶水平的牛种，统称为奶牛。任何一个奶牛品种，都有其优缺点，都对奶牛场（户）的产奶水平和经济效益有着密切的关系。所以，奶牛场（户）首先应选择其产奶质量符合市场和消费者需要的奶牛品种。为满足选购者的需要，现将各奶牛品种简介于后。

（一）我国育成的奶牛品种

1. 中国荷斯坦牛 按体高可分有大、中、小三种类型（表2-1），分别由美国（含加拿大同型牛）、德国（含日本同型牛）、荷兰引进的种公牛或冻精与各地母牛杂交或横交，经过100多年选育而成。现已遍布全国，总头数约为200万头，主要分布在大、中城市近郊。

表2-1 中国荷斯坦母牛的体高 （单位：厘米）

大体型			中体型			小体型		
地名	头数	平均体高	地名	头数	平均体高	地名	头数	平均体高
北京市	1819	137.5	黑龙江省	124	133.7	上海市	173	131.4
吉林省	97	135.3	河北省	158	133.7	广东省	314	130.6
			内蒙古自治区	34	134.7	云南省	240	128.7
						江苏省	1429	131.0
						广州市	217	131.0

（1）外貌特征 主色为黑白花，偶有红白花。不论何种颜

色，花片形状和大小各牛之间差异较大。过去选牛者，对花片很重视，喜好黑花片整齐，身体前、中、后各有三大块，与白色交界处的边缘整齐。对于全黑、全白、尾帚黑色、肚皮黑色，1条腿或多条腿环绕黑毛，以及近似灰白色者，认为均不合格。但是现代育种者对毛色要求不严，对花片的大小和分布的部位都不加以考虑，只注意生产性能和乳房、四肢等功能性特征。角由两侧向前向内弯曲，角体呈蜡色，角尖呈黑色。大型多为乳用型。小型多为兼用型。

(2)生长发育特点　性成熟年龄 12 月龄，适配年龄14～16月龄。

(3)产奶水平　一个泌乳期平均产 6 500～7 500 千克，乳脂率 3.5%。但牛奶干物质和乳脂率偏低，风味不足。

(4)适应性　适应性能良好，但不耐热，遗传稳定，在我国除少数炎热地区外，其他地区均可饲养。抗病力强，饲料报酬高。

2. 三河牛　原称滨州牛。是我国培育的第一个奶肉兼用牛品种。该品种血统复杂，由多品种长期与当地三河牛相互杂交选育而成。1986 年命名为三河牛。主产区分布在内蒙古呼伦贝尔盟大兴安岭西麓的额尔古纳右旗三河(根河、得勒布尔河、哈布尔河)地区。总头数约 15 万头。

(1)外貌特征　黄白花为主，花片分明。头呈白色或有白斑，腹下、四肢下部及尾尖均为白色。角向上前方弯曲。体型属乳肉兼用。成年母牛体重 550 千克，体高 131.1 厘米。成年公牛体重 1 050 千克，体高 156.8 厘米。

(2)生长发育特点　晚熟。母牛 20～24 月龄初配，妊娠期约 284 天。

(3)产奶水平　平均单产 2 000～3 600 千克。乳脂率 4%

以上。

(4)适应性 耐寒、耐粗饲料，适于放牧，抗病力强。对高温和潮湿的亚热带气候不适应。

3. 中国西门塔尔牛 原产于瑞士，是大型奶肉兼用牛。在我国有28个省、市、自治区饲养。据不完全统计，我国现有西门塔尔牛2万余头，各代杂交改良牛250万头，已具备自我供种能力。

(1)外貌特征 毛色多为黄白花或淡红白花，头部全白，头、腹部、四肢下部及尾尖均为白色，鼻镜粉红色。一般角型外展。体重按平原、草原及山地型划分，成年母牛体重分别为501千克、460千克和432千克，体高分别为130.8厘米、128.3厘米和127.5厘米。

(2)生长发育特点 晚熟。初产为29月龄，妊娠期284～294天。

(3)产奶水平 中国西门塔尔牛育种核心群2 178头母牛，一个泌乳期产奶量超过5 000千克，乳脂率4%。杂种母牛产乳量2 000～3 000千克，乳脂率4.2%以上。黑龙江省跃进农场，杂种牛泌乳期305天，产奶量一代牛为2 123千克，二代牛为2 828千克，三代牛为4 332千克。新疆呼图壁种牛场，西门塔尔牛1994年平均产乳量为6 394千克。

(4)适应性 耐粗饲，适应性强，习惯于放牧。

4. 科尔沁牛 由西门塔尔牛公牛与科尔沁草原母牛杂交选育而成的一个新品种。为乳肉兼用牛。主要分布于通辽市科尔沁草原。

(1)外貌特征 毛色为黄(红)白花。成年母牛体重为496千克，体高129.3厘米。

(2)生长发育特点 性成熟年龄6～8月龄，18～20月龄初配。

(3)产奶水平 在放牧条件下,120天平均单产1256.3千克。舍饲条件下,泌乳期280天,产乳量3200千克,乳脂率4.17%。

(4)适应性 适于草原放牧。

5.中国草原红牛 为我国利用蒙古牛与兼用短角公牛杂交选育成的一个兼用牛品种。分乳用和肉乳兼用两个类型,主要分布在吉林省通榆县、镇赉县,内蒙古赤峰市、锡林郭勒盟南部,河北省张家口市。

目前,产区短角牛级进杂种牛约有30万头。

(1)外貌特征 全身毛色为紫红色或红色。部分牛腹下、乳房部有白斑。角质蜡黄褐色,角多向前方,呈倒“八”字形,略向内弯曲。鼻镜、眼圈粉红色。成年母牛体重450千克,体高124.2厘米。成年公牛体重700~800千克,体高137.3厘米。

(2)生长发育特点 母牛初情期多在18月龄,早春出生的母牛14~16月龄发情,夏季出生的母牛20月龄发情。发情周期20~21天,6~7月份为发情盛季,妊娠期平均283天。

(3)产奶水平 在放牧加补饲条件下,一个泌乳期产奶量1800~2000千克,乳脂率4.02%。

(4)适应性 耐粗饲,适应性强,对严寒酷热的草场条件耐力强,发病率低。

6.新疆褐牛 由瑞士褐牛公牛和阿拉塔乌公牛与哈萨克母牛杂交选育而成的1个乳肉兼用牛品种。主要分布在新疆伊犁地区和塔城地区,群体总头数35万余头。

(1)外貌特征 毛色以褐色为主,深浅不一,口轮、背线处为灰白色或黄白色,眼睑、鼻镜、尾帚、四蹄毛色较深。成年母牛体重430千克,体高121.8厘米。公牛体重950千克,体高144.8厘米。

(2)生长发育特点 性成熟年龄8~10月龄,在放牧条件下2岁开始配种,妊娠期285天。

(3)产奶水平 终年放牧,挤奶期5~9月份,150天产奶1 750千克。舍饲条件下,305天单产3 500千克,乳脂率4%以上。

(4)适应性 适应性好,抗病力强。最大特点是耐粗饲、耐严寒,适于贫瘠山区饲养。

7. 水牛 我国水牛属沼泽型,分布在淮河以南的19个省、市、自治区。据调查,我国有地方良种类群13个。为了提高水牛产奶水平,1957年和1974年我国曾先后引进河流型印度摩拉水牛和巴基斯坦尼里水牛。通过几十年的纯繁和与我国水牛杂交,产奶水平有了较大提高(表2-2)。

表2-2 摩杂、尼杂及其他品种水牛产奶性能

水牛名称	产奶天数(天)	产奶量(千克)	乳脂率(%)
摩杂一代	270	1153.0	6.83
尼杂一代	305	1936.0	7.94
三品种杂种	309	2389.9	8.1
温州水牛	210~240	500.0	9.0

水牛比黄牛性成熟晚,母水牛多在2.5~3岁开始配种,妊娠期330天左右。母牛一般3年产2犊,繁殖年限14~15岁,终生产犊8头以上。

水牛体质结实强健,耐粗饲,放牧性好,性情温驯,利用时间长。耐热而且较耐寒。在长江中下游地区,夏季绝对温度

41℃~43℃、冬季绝对温度-15℃的条件下,仍能适应。饲料转化率和饲料报酬均高。

8. 牦牛 牦牛是青藏高原古老的牛种,是当地人民主要生产和生活资料。牦牛肉、奶是重要食品和食品加工的重要原料。仅就产奶而言,全国年产牦牛奶总量已达71.5万吨。而且奶质无污染,风味独特鲜美。

我国牦牛现有1 377.4万头,占世界牦牛总头数90%以上,占我国牛总数的11%。分布地区为青海、西藏、四川、甘肃、新疆和云南等地。此外,北京灵山、河北围场和内蒙古西部也有少量分布。

牦牛终年放牧,无棚少圈,越冬基本无补饲。牦牛成年母牛2年1胎。产犊当年挤奶量175~320千克,第二年挤奶量40~70千克。繁殖年限8~12年,终生产犊5~7头。

(二)我国引进的奶牛品种

目前世界上饲养的奶牛品种80%为荷斯坦牛。但其他奶牛品种仍保持有一定的饲养规模,如娟姗牛、更赛牛、爱尔夏牛、瑞士褐牛和乳用短角牛。为便于利用这些世界奶牛品种资源,现将各品种特点简介于后。

1. 荷斯坦牛 荷斯坦牛是欧洲原牛的后代,已有2 000年的历史。在15世纪就以产奶量高而闻名于世。至17世纪已成为欧洲许多国家饲养的奶牛品种,并成立品种协会。最早登记的是美国荷斯坦牛育种者协会和荷兰弗里生牛协会。1885年两协会合并成一个协会,即美国荷斯坦-弗里生奶牛协会,简称荷斯坦牛协会。由于荷斯坦牛产奶量高,19世纪70年代开始,世界各国都先后引进,并用其改良本国地方牛。从当前看,世界各国饲养的荷斯坦奶牛后代中,大体上可分为大型奶用型、乳肉兼用型和大洋洲奶牛型3种类型。

(1)大型奶用型荷斯坦牛 美国、加拿大等国荷斯坦奶牛属于奶用型。

①外貌特征 体格高大,结构匀称,成年母牛侧望呈楔形,后躯发达。乳房特大,且结构良好。毛色特点多数为界限分明的黑白花片,额部多有白星,四肢下部、腹下和尾帚为白色。皮薄骨细,皮下脂肪少,被毛细短。成年公牛体重900~1200千克,成年母牛650~750千克。初生犊牛平均体重40~50千克。成年公牛体高145厘米,体长190厘米,胸围226厘米;成年母牛分别为135厘米,170厘米和195厘米。

②生长发育 性成熟较晚,一般在18~20月龄开始配种,6~8.5岁产奶达到高峰。

③产奶水平 年平均产奶量6500~7500千克,乳脂率3.6%~3.7%。美国2000年登记的荷斯坦牛平均产奶量9777千克,乳脂率3.66%,乳蛋白率3.23%。

④适应性 耐寒,但耐热性较差,高温时产奶量明显下降。对饲料条件要求较高。

(2)奶肉兼用型荷斯坦牛 西欧、北欧等地的荷斯坦牛(如德国、丹麦、法国、瑞典、挪威等)多为奶肉兼用型。

①外貌特征 体格较小,我国称小荷兰。体躯低矮宽深,略呈矩形,尻部方正,后躯发育较好,肌肉丰满;四肢短而开张;乳房附着良好,多呈方圆形,乳静脉发达。毛色与奶用型相同,花片更加美观。成年公牛体重900~1100千克。成年母牛体重550~700千克,体高120.4厘米,体长156.1厘米,胸围197.1厘米。犊牛初生重35~45千克。

②生长发育 比较早熟。12月龄性成熟,在14~16月龄开始配种。

③生产水平　年平均产奶量4 500～6 000千克，乳脂率3.9%～4.5%。产肉性能较好，屠宰率55%～60%。

④适应性　易管理、耐粗饲，饲料报酬率高、抗病力强。

(3)大洋洲奶用型荷斯坦牛　原产于大洋洲。主要分布在澳大利亚、新西兰等国。为热带育成的放牧型、中小型奶用牛品种。

①外貌特征　成母牛侧望呈楔形，后躯发达，乳静脉粗大而多，弯曲，乳房特别庞大。

②生长发育　12月龄性成熟，14～16月龄开始配种。

③产奶水平　平均单产3 000～3 500千克，乳脂率4.2%～5.6%。

④适应性　适合草原放牧饲养，产奶量稳定。夏季受热应激影响小，产奶波动性不大。近几年我国各地引进较多。预计与热带牛杂交有可能取得良好效果。

2. 娟姗牛　娟姗牛是世界上一个古老奶牛品种。原产于英吉利海峡的泽西(旧译娟姗)岛，是由法国布里顿牛和诺曼底牛杂交繁育而成。当地气候温和，冬季时间短，夏季无酷热，湿度大，牧草茂盛，适于养奶牛。加之当地农民的长期选育，从而育成了性情温驯、体型轻小、乳脂率高的奶用品种。1866年建立良种登记簿，至今原产地仍为纯繁。我国在19世纪即引入该品种牛，近年广东等地又多次引入。

(1)外貌特征　被毛细短，以浅褐色最多。体型小，清秀，呈楔形，后躯较前躯发达。头小，眼大明亮，额部稍凹，耳大而薄。鬐甲狭窄，肩直立，胸深宽，背腰平直，腹围大，尻长平宽。四肢较细，蹄小。乳房发育匀称，形状美观。

(2)生长发育　性成熟早，一般在24月龄产犊。

(3)产奶水平　一般年平均产奶3 500～4 000千克，乳脂率5.5%～6%。2000年美国登记娟姗牛平均产奶量为7 215千克，乳脂率4.61%，乳蛋白率3.71%。

(4) 适应性 耐热性能好，采食量低，性格温和。在我国南方引用娟姗公牛与当地奶牛、黄牛杂交，可能是改良现有奶牛、黄牛的最佳方案。

3. 更赛牛 原产于英国更赛岛。该岛距泽西岛仅35千米，气候与泽西岛相似，雨量充沛，牧草丰盛。

该品种于1877年成立更赛牛品种协会，1878年开始良种登记。

19世纪末开始输入我国，1947年又输入一批，主要饲养在华东、华北各大城市，目前多不饲养。

(1) 外貌特征 为中型奶牛品种。头小，角大、向上方弯，颈长而薄，体躯较宽深，后躯发育较好。乳房发达呈方形。被毛为浅黄或金黄色，也有浅褐色个体，腹部、四肢下部及尾帚多为白色，额部常有白星，鼻镜为深黄或肉色。成年公牛体重750千克，母牛体重500千克，体高126厘米，初生犊牛重27～35千克。

(2) 产奶水平 1992年美国登记牛平均产奶6 659千克，乳脂率4.45%，乳蛋白率为3.48%。更赛牛以高乳脂、高乳蛋白而著名。

(3) 适应性 耐粗饲，易放牧，对温热气候有较好的适应性。

4. 乳用短角牛 原产于英国英格兰东北部。由当地长角牛改良而来，改良后牛角短小，故称短角牛。1875年成立品种协会。原为肉用牛，现在分为肉用、奶用和奶肉兼用3个类型。我国在1913年、1947年先后从新西兰、加拿大、日本引入该牛的奶肉兼用牛，用于改良蒙古牛，对育成中国草原红牛起了主要作用。

(1)外貌特征 分有角和无角两种。角短,呈蜡黄色,角尖黑。被毛多为深红色或绛红色,少数为红白沙毛,腹下或乳房都有白斑。鼻镜为肉红,眼圈色淡。体形清秀,乳房发达。成年公牛体重 900~1 200 千克,成年母牛体重 600~700 千克,初生犊牛重 32~40 千克。

(2)生长发育 早熟,生长发育快。

(3)产奶水平 奶肉兼用牛,年产奶 2 800~3 500 千克,乳脂率 3.5%~4.2%。美国奶用短角牛年平均产奶 6 810 千克,乳脂率 3.33%,乳蛋白率 3.15%。

(4)适应性 风土驯化能力强,耐粗饲、耐热、耐寒,抗病力强。

5. 瑞士褐牛 原产于瑞士阿尔卑斯山区。是由当地短角牛经过长期选育而成。1897 年成立品种繁育协会。为奶肉兼用牛。对改良我国新疆褐牛起了重要作用。

(1)外貌特征 被毛为褐色,由浅褐、灰褐至深褐色,在鼻镜四周有一浅色或白色带。鼻镜、角尖、尾帚及蹄为黑色。头宽短、额结实。乳房匀称,发育良好。成年公牛体重 900~1 000 千克,成年母牛 500~550 千克。犊牛初生重 35~38 千克。

(2)生长发育 成熟较晚,2 岁开始配种。

(3)产奶水平 年产奶量 2 500~3 800 千克,乳脂率 3.2%~3.9%。

(4)适应性 耐粗饲,适应性强。

三、怎样选择优良个体

（一）观察体型外貌

1. 奶牛体型外貌　体型外貌是生产性能的表征。凡是体型外貌好的奶牛，其生产性能多数是好的。所以，按外貌选择优良个体非常重要，愈来愈被人重视。

良种奶牛外貌特点是：体格高大，骨壮、皮薄、血管显露，被毛细短而有光泽，肌肉不甚发达，棱角突出，背腰长阔而平，胸腹宽深，后躯和乳房十分发达。典型的奶牛品种，具有三个楔形。即从侧望、前望、上望均是楔形。侧望背线向前延长，再将乳房与腹线连成一条长线，延长到牛头前方，与背线的延长线相交，构成一个楔形。由此可以看出，奶牛的体躯是前躯浅，后躯深，表示其消化系统、生殖器官和泌乳系统发育良好，产奶量高。前望由鬐甲顶点作起点，分别向左右两肩下方作直线延长，使之与胸下的直线相交，而构成一个楔形。由此可看出，鬐甲和肩胛部肌肉不多，胸部宽阔，肺活量大。上望由鬐甲向左右两腰角引两根直线，与两腰角的连线相交，构成一个楔形。由此可看出，后躯宽大，发育良好。

近年来美国每年公布外貌排列名次，已采用侧面、后躯乳房及尻部背部作为依据。

从个别部位看，乳房和尻部尤为重要。乳房要附着良好，前乳房向前延伸至腹部和腰角垂线之前，后乳房向股间的后上方充分延伸，使乳房充满于股间而突出于躯体的后方。4个乳区发育匀称，乳房大小长短适中，呈圆柱状。乳头间相距很宽，底线平坦。乳房结构以腺体组织占75%～80%、结缔组织占 20% ~ 25% 为好。不可选择“肉乳房”。尻部与乳房的形状有密切关系，尻部宽广，并且后肢间距离较宽，才能容纳庞大的乳房。所以尻部应宽、长而平(图 2-1)。

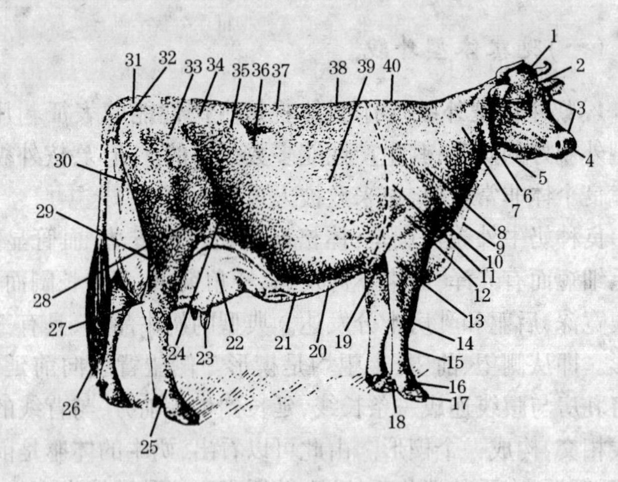

图 2-1　牛的体表部位图　(仿养牛学)

1. 额顶　2. 前额　3. 面部　4. 鼻镜　5. 下颚　6. 咽喉　7. 颈部　8. 肩　9. 垂皮　10. 胸部　11. 肩后区　12. 臂　13. 前臂　14. 前膝　15. 前管　16. 系部　17. 蹄　18. 副蹄(悬蹄)　19. 肘端　20. 乳井　21. 乳静脉　22. 乳房　23. 乳头　24. 后肋　25. 球节　26. 尾帚　27. 飞节　28. 后膝　29. 大腿　30. 乳镜　31. 尾根　32. 坐骨端　33. 髋(臀角)　34. 尻　35. 腰角　36. 肷　37. 腰　38. 背　39. 胸侧　40. 鬐甲

2. 水牛体型外貌　我国水牛属沼泽型。按体格区分，有大、中、小 3 个类型。大型公牛体高 140 厘米以上，母牛 130 厘米以上；中型公牛体高 130 厘米以上；小型公牛体高 130 厘米以下。3 个类型外貌特征大致相同。其体质结实，四肢粗壮，鬐甲隆起、宽厚，胸宽深，肋弓开张，背腰宽广略凹。头向前伸，几乎与地面平行。前额平，眼窝突出，脸短，鼻镜宽，颈较长。尻部倾斜。全身被毛长而稀疏，为深灰或浅灰色。角长大,多呈新月形,角基方形。水牛由于长期役用,除浙江、广州部分地区有用于挤奶者外,乳腺不发达,产奶量低。

引进的印度摩拉水牛和巴基斯坦尼里/拉菲水牛,属河流型水牛,其外貌与我国水牛有很大区别。毛色黝黑,体高与我国水牛相似,但体长较短。脸较长,前额突出,角短、角基向后再朝上紧紧卷曲呈螺旋状。乳房发育良好。乳头长而粗大。

我国母水牛与摩拉公水牛杂交一代,全身为黑色和棕黑色,尾帚带为白色。尼杂一代全身毛色浅黑色,尾尖白色,结构紧凑,躯干略短,肌肉丰满,后躯发达。两者角基部比我国水牛宽而厚,角呈半卷曲状。

三品种杂种牛体形深厚,躯架较低,腹围较大,后躯发达,肌肉丰满,骨骼较细,乳房发育良好。角形较摩杂一代卷曲。毛色灰黑。尾帚白色部分较长。个别牛额部有白斑,玉石眼或胸前隐显白带。杂种牛乳房发育较好,产奶量也有较大提高。

3. 牦牛体型外貌　牦牛在长期选育和生态环境及社会经济条件影响下,其外貌具有以下特征。

外貌上最大特征是在体躯的突出部位(腰角角端、鬐甲、胸骨等)及体侧裙毛着地,四肢相对较短。尾也较短。从头部看,公、母牦牛差异显著。公牦牛体躯比较宽、短,皮厚,毛粗,额部多卷毛;母牦牛体躯则较长、窄、清秀。公、母均有角,公牦牛角粗长,角形开张雄伟;母牦牛角细长。公牦牛颈较母牦牛粗而短,被毛密长。公牦牛鬐甲比母牦牛高,长而厚,是雄性特征之一。胸深,肋开张,背腰平直,后躯较短,臀部不发达,体形呈矩形者多。蹄大,质地致密。乳房小,乳头细短,乳腺组织不发达,着生被毛多。牦牛毛色以黑毛为多,间有黑白,也有全身白色者。

（二）测定体重、体尺

体重、体尺是衡量奶牛生长发育和进行外貌鉴定的重要指标，也是选择良种个体不可缺少的一项内容，还是检查饲养管理好坏的主要依据。所以，奶牛场（户）对奶牛的体重、体尺必须认真测定。

1. 体重测定　分称重法和估测法。称重可用平台式地磅，让牛站在上面称重。一般可在小台秤上围一木栏，将牛赶入其内称量。每次称重时，应在喂饮前，产奶牛应在挤奶后进行。为了准确无误，最好连续在同一时间称重 2 次，取其平均值。如无条件进行实测，也可采用以下公式进行估测。

奶牛体重估测公式：

6 月龄体重（千克）= 胸围^2（米）× 体斜长（米）× 98.7

育成牛体重（千克）= 胸围^2（米）× 体斜长（米）× 87.5

成年牛体重（千克）= 胸围^2（米）× 体斜长（米）× 90

通过实测与估测相差不超过 5%，即认为有效。在实际工作中，不论采取哪种估测公式都应事先进行校正，有时对公式中的常数（系数），也可作必要的修正。

中国荷斯坦奶牛（母）体重标准：初生重 38 千克，6 月龄 180 千克，12 月龄 290 千克，18 月龄 400 千克，3 岁 450 千克，4 岁 500 千克，5 岁 550 千克。

2. 体尺测量方法　被测量牛应端正地站在平坦地上，四肢位置垂直，端正，左右两侧前后肢均应在同一直线上。从侧面看，前后肢站立的姿势应在一条线上。头自然前伸，不左右偏，不高仰或下俯，后头骨与鬐甲近于水平。这样的姿势可获得比较准确的体尺数值。

体尺测量常用仪器有测杖、卷尺、圆形测定器、测角(度)计。测量前,测量用具必须用钢卷尺加以校正。

测量的部位应根据测量目的而定。如为估测体重,一般测量体斜长(或体直长)和胸围两项体尺。如为检查生长发育。一般测量鬐甲高(或十字部高)、体斜长、胸宽、胸深、坐骨端宽、腰角宽及管围等(各龄牛体尺指标见表2-3)。

表2-3 奶牛(母)各生长阶段主要体尺指标

阶　段	十字部高(厘米)	斜长(厘米)	胸围(厘米)	体重(千克)
初　生	—	—	—	35
6月龄	105	107	125	165
12月龄	120	135	154	290
15月龄	124	144	164.5	350
18月龄	130	150	175	400
一　胎	136	160	189	500
三　胎	140	170	200	600

(1)鬐甲高　肩部最高点到地面的垂直距离。

(2)体斜长　肩端至臀端的距离。

(3)胸　围　肩胛骨后缘体躯的周长。

(4)胸　宽　两前肢间胸底宽。

(5)胸　深　肩胛部最高处到胸骨外皮肤的垂直距离。

(6)尻　长　腰角至臀端的距离。

(7)腰角宽　两腰角间的直线距离。

(8)坐骨宽　两坐骨外缘的直线距离。

(9)管　围　左前肢掌骨最细处的周长。

（三）检查产奶成绩

一般采取的方法有：①生产者根据自己的产奶记录；②参加生产性能测定组织，每月分析一次乳的成分，包括蛋白质、脂肪、乳糖、总固体等，但两次测定间隔时间不得少于35天；③根据产奶牛最高日产奶量进行估计，奶牛最高日产奶量与胎次总产奶量呈正相关，在正常情况下，用最高日产奶量乘以195即得该胎次305天的估计产奶量；④现场实测，如购买奶牛，购买者可查阅选购牛的产奶记录或现场观察产奶实况进行实测。

（四）检查系谱

包括个体编号、出生日期、品种、出生体重；成年母牛体重、外貌评分、等级，各胎次产奶成绩。系谱还应有其父母、祖父母、外祖父母的体重、外貌评分、等级，母牛的产奶量、乳脂率、乳蛋白率，以及母牛疾病和防疫检疫、繁殖，健康登记等，均应详细检查。根据上述资料选择奶牛颇为重要，不可忽视。此外，购买奶牛，必须检疫，避免购进患有结核病、传染性流产、钩端螺旋体病、滴虫病或乳房炎的病牛。

（五）鉴定牛的年龄与胎次

年龄与胎次对产奶成绩的影响甚大。一般初配年龄15～16月龄，体重达成年母牛体重的70%。初胎牛和2胎牛比3胎以上母牛产奶量低15%～20%，3～5胎母牛产奶量逐胎上升，6～7胎以后产奶量则逐胎下降。据研究，乳脂率和乳蛋白率随着奶牛年龄与胎次的增长，略有下降。所以，为了使牛群持续高产，生产者以选购3～5岁牛为好。

(六)检查繁殖性能

对成年母牛,应检查初产月龄、各胎次产犊间隔、本胎产犊日期、产后生殖道健康状况、产后第一次配种日期、最近一次配种日期、妊娠受胎日期等。

对初孕牛,要检查初配月龄、配种日期、受胎日期、配种次数、妊娠月龄等。此外,还要检查有无流产史及其流产原因。最好通过直肠检查内部生殖器官是否正常及妊娠情况。

(七)检查健康状况

第一,通过观察母牛的精神状态、体况、食欲、鼻镜湿润程度等,判断是否健康。

第二,检查系谱资料、患病记录及检疫(结核病、布鲁氏菌病等)和预防接种(炭疽芽胞苗、口蹄疫疫苗等)情况。

第三,调查了解当地是否有牛传染病流行,重点是结核病、副结核病、布鲁氏菌病、口蹄疫、传染性鼻气管炎和粘膜病等。

第四,从当地兽医主管部门开具近期检疫证明。

四、怎样测定奶牛生产性能

生产性能测定(DHI)是19世纪末奶业发达国家采用的一种生产性能测定方法。即凡参加生产性能测定的奶牛场(户),每月统一采集各头产奶牛牛奶样,进行牛奶成分分析、体细胞计数和奶产量记录等。由于这种测定方法对改进奶牛育种和饲养管理颇有好处,所以这种测定方法沿用至今。我国开展奶牛生产性能测定起步较晚,1993年6月首先在天津市开始，1995年相继在上海、杭州、西安、北京等地实施，现已扩展到济南、徐州、昆明、银川等地。预计奶牛生产性能测定必将很快普及全国。

（一）测定时间和内容

母牛产后5天至干奶期，共测定9～10次。每次测定间隔时间为21～42天。

测定内容包括日产奶量、乳脂率、乳蛋白率、乳糖和体细胞数。

（二）采集奶样的方法

采奶样可由测试中心组织专门人员或由奶牛场（户）自行采集。为保证准确的采集奶样，采样前对采样人进行专门培训。

凡参加测定的奶牛场（户），应按测试中心对奶牛进行统一编号，并对参测母牛的出生日期、父号、母号、外祖父号、外祖母号及最近的分娩日期和留犊情况（如留犊的需填写犊牛号、性别、初生重）等信息送测试中心，以便及时输入电脑，做好测试准备。

奶样必须是一个测定日各次挤奶时抽取奶样的混合样。每次采集的量应依照当时牛的产奶量和1天挤奶的次数作适当分配。总量为40毫升。3次挤奶一般按4:3:3比例取样。

（三）奶样的保存与运输

为了防止奶样保存和运输途中腐败变质，采样前样品瓶中应加入0.03克重铬酸钾（防腐剂），样品放置在15℃条件下，可保持4天；在2℃～7℃条件下可保持7天。奶牛场（户）

可根据样品送到测试中心的距离和运输方式决定保存方式。

在运输途中,要注意平稳,不过度摇晃。

(四)怎样分析利用生产性能测定反馈报告

根据规定,测试中心从采样到将生产性能测定报告反馈给奶牛场(户),整个过程需3~7天完成。

测试中心一般提供如下报告:综合情况报告、产奶报告、牛群管理报告、干奶报告和牛群体细胞监测情况报告等。奶牛生产者可根据这些报告,全面了解牛群饲养管理状况,对牛群的实际状况做出客观、科学的判断。还可依此作为指导选种选配、改进饲养管理的科学依据,以提高奶牛群的生产性能,提高奶牛场(户)的管理水平和效益。

1. 指导选种选配　根据母牛产奶量、乳脂率、乳蛋白率的高低,可选不同种公牛冻精进行配种:①乳脂率和蛋白率高而产奶量低的母牛,可选用产奶量高的公牛冻精配种;②乳脂率低的母牛,可选用乳脂率高的公牛冻精配种;③乳蛋白低的母牛,可选用乳蛋白率高的公牛冻精配种。通过对母牛的选种选配,既可提高后代的质量,又可提高整体牛群质量和产奶水平。

2. 改进饲料配方　分析脂、蛋比(乳脂率与乳蛋白率之比),荷斯坦牛为1.12~1.13之间。如为高比值,可能是日粮中添加了脂肪或日粮中蛋白质不足;如为低比值,可能是日粮中精料太多或缺乏纤维素,对日粮应进行适当调整。

3. 为整顿牛群提供依据　为保持和提高奶牛场(户)整体生产水平,降低饲养成本,增加效益,根据生产性能测定报告,每年对奶牛群进行整顿,淘汰低产牛、老龄牛及患乳房炎、肢蹄病、繁殖疾病等的牛。

4. 衡量牛奶质量 原料奶质量,除反映奶的成分和奶的卫生外,牛奶中体细胞数(SCC)含量高,不仅反映牛奶的质量,还作为乳房健康指标。在正常情况下,理想的体细胞数为:第一胎≤15万个/毫升,第二胎≤25万个/毫升,第三胎≤30万个/毫升。按国际规定,对个体牛以50万个/毫升以上的体细胞数定为乳房炎的基准。由此可见,高体细胞数不仅会造成产奶量下降,而且会影响牛奶的成分及其风味。

5. 提供兽医参考资料 通过生产性能测定报告分析,个体产奶水平的变化可了解奶牛是否受到应激或生病(肢蹄病、代谢病等);通过体细胞数的变化,可反映乳房的健康状况,以供制定乳房炎防治计划参考。

6. 参加奶牛生产性能测定的效益分析 据调查,目前各生产性能测试中心收费标准为每个样品5~6元。按每年测定10次计算,每测1头牛年收费50~60元。据报道,上海组织对29个奶牛场进行了27个月的测定,结果是既改善了饲养管理,又减少了乳房炎等。参测牛每头每年增加牛奶387千克。

五、怎样进行奶牛体型线性鉴定

奶牛体型性状的表现与牛体健康、产奶性能、繁育均有很大的相关性。所以,早在20世纪20年代,西方一些奶牛业比较发达的国家,就开始对奶牛体型划分等级,进行体型评定。为了奶牛改良的需要,20世纪60年代逐步发展为记述式评分法,一直沿用到20世纪80年代,逐渐由线性鉴定所代替。

奶牛体型线性鉴定于20世纪80年代初起源于美国。它根据牛体各部位的功能和生物学特性,全面客观、数量化地予以评分,从而避免了主观抽象因素的影响。在奶牛选种选育和品种改良中起了良好的指导作用。目前已为各国普遍采用。中国奶业协会荷斯坦牛育种委员会,通过多年对线性鉴定的试用,现已确定在全国范围内推广使用奶牛线性鉴定9分制评分法。

(一)鉴定部位及评分方法

母牛鉴定部位共分五大部位,即体躯结构/容量、尻部、肢蹄、乳房和乳用特征,每个大部位内再分为若干性状,共计24个性状。各大部位按其重要性加权,每个大部位内各性状也分别按重要性加权。公牛鉴定,除乳房和乳用特征代之以睾丸、阴茎外,其他与母牛相同,共18个性状。

至于具体评分方法,当前全世界有两种,即9分制和50分制。现以9分制为例,叙述母牛各项评分指标及计算方法。

1. 体躯结构/容量 包括6个描述性状,占牛体总评分的18%。

(1)体高 指十字部高,可度量,也可以自己身体作为尺子。凡一胎牛体高130厘米者为极低,评1分;体高140厘米者为中等,评5分;体高150厘米者为极高,评9分。3胎牛在相应的一胎标准上降低1分。荷斯坦牛理想体高评分为7~9分。部位评分中权重15%。1~9分线性评分转换成功能分,分别为57,64,70,75,85,90,95,100和95。

(2)前段 指鬐甲部与十字部的高度差。鬐甲部低于十字部5厘米为极低,评1分;平为中等,评5分;鬐甲部比十字部高3厘米为理想,评分为7分,鬐甲部高于十字部5厘米为极高,评9分。部位评分中权重8%。线性评分1~9分转换成功能分,分别为56,64,68,70,80,85,90,95和100。

(3)躯体大小(体重) 一胎牛胸围173厘米,估重410千克,为极小,评1分;胸围188厘米,估重500千克,为中等,评分5分;胸围200厘米,估重590千克,为极大,评9分。部位评分中权重20%。1~9分线性评分转换成功能分,分别为55,60,65,75,80,85,90,95和100。

(4)胸宽 指两前肢内侧的胸底宽度,可度量。胸宽37厘米以上为极宽,评9分;胸宽25厘米为中等,评5分;胸宽13厘米为极窄,评1分。部位评分权重29%。线性评分1~9分转换成功能分,分别为55,60,65,70,75,80,85,90和95。

(5)胸深 以体躯最后一根肋骨处腹下缘的深度为评分基准。腹下缘很深,呈下垂状态,评9分;腹下缘比较深,评7分,比较理想;中等评5分;腹深很浅,呈大腹状,评1分。部位评分中权重20%。线性评分1~9分转换成功能分,分别为56,64,68,75,80,90,95和90。

(6)腰强度 指十字部的荐椎至腰部第一腰椎之间的连接强度和腰部短肋的发育状态。腰部的腰椎骨微有隆起,其短骨发育长平,为极强,评9分;腰部下凹,短骨发育短而细,为极弱,评1分;中等评5分。部位评分中权重为8%。线性评分1~9分转换成功能分,分别为55,60,65,70,75,80,85,90和95。

躯体结构/容量有下列缺陷性状者扣分:面部歪扣2分,头部不理想扣1分,双肩峰扣1分,背腰不平扣1分,整体结合不匀称扣1分,肋骨不开张扣1分,凹腰扣1分,窄胸扣1分,体弱扣1分。

2. 尻部 包括两个描述性状,占牛体总评分的10%。

(1)尻角度 指腰角至坐骨结节连线与水平线的夹角。评分是依据坐骨节端高于或低于腰角而定。腰角高于坐骨结节端8厘米为极斜,评9分;高4厘米为理想角度,评5分;如低于5厘米,为极逆斜,评1分。部位评分中权重46%,线性评分1~9分转换成功能分,分别为55,62,70,80,90,80,75,70和65。

(2)尻宽 指坐骨结节之间的宽度。两坐骨节间宽10厘米为极窄,评1分;每增加2厘米提高1分;18厘米为中等,评5分;26厘米为极宽,评9分。部位评分中权重为54%。线性评分1~9分转换成功能分,分别为55,60,65,70,75,79,82,90和95。

尻部有下列缺陷性状者扣分:肛门向前扣2分,尾根凹扣1分,尾根高扣0.5分,尾根向前扣1分,尾歪扣1分,髋部偏后扣1.5分。

3. 肢蹄 包括6个描述性状,占牛体总评分的20%。

(1)蹄角度 指蹄壁上缘的蹄线倾斜度。即把蹄壁上缘的蹄线延伸线视为其达到前肢的什么部位进行评分。如延伸线达到前肢肘部,说明蹄角度很小(15°角),评1分;达到前肢的膝关节处为中等(45°角),评5分;如达到前膝关节下,管骨中段下,属蹄角度大(75°角),评9分。部位评分中权重为20%。线性评分1~9分转换成功能分,分别为56,64,70,76,81,90,100,95和85。

(2)蹄踵深度 指后蹄踵上缘与地面之间的深度。根据蹄壁上缘的延伸线到前肢位置进行评分。蹄踵深度0.5厘米为极浅,评1分,每增加0.5厘米增加1分;蹄踵深度2.5厘米,为中等,评5分;蹄踵深度4.5厘米为极深,评9分。部位评分中权重为20%。线性评分1~9分转换成功能分,分别为57,64,69,75,80,85,90,95和100。

(3)骨质地 指后肢骨骼的细致和结实程度。后肢骨骼粗圆、疏松者,评1分;后肢骨骼宽、扁平、细致者,评9分;中等评5分。部位评分中权重为20%。线性评分1～9分转换成功能分,分别为57,64,69,75,80,85,90,95和100。

(4)后肢侧视 指后肢飞节处的弯曲程度。腿越直,弯曲程度越小,评分越低。飞节角度大于145°为直飞。呈165°角为极直,评1分;飞节角度小于145°角为曲飞;飞节呈125°角为极曲,评9分;中等评5分。部位评分中权重为20%。线性评分1～9分转换成功能分,分别为55,65,75,80,95,80,75,65和55。

(5)后肢后视 指后肢站立姿势及两飞节间的距离和弯曲状况。两飞节间距离很宽,两肢呈平行状态站立,为后乳房提供了足够的空间最理想,评9分;两飞节内向,后肢呈X状,不理想,评1分;中等状态评5分。部位评分中权重为20%。线性评分1～9分转换成功能分,分别为57,64,69,74,78,81,90和100。

肢蹄有下列缺陷性状者扣分:卧系扣1分,后肢发抖扣3分,飞节粗大扣1分,蹄叉张开扣0.55分,后肢前踏或后踏扣1.5分,过于纤细扣1分,前蹄外向扣1分。

(6)蹄瓣均衡 指四肢的蹄瓣。4个蹄磨损均匀者,评高分9分;差的评1分,中等评5分。这一性状不参与部位评分。

4. 乳房 包括泌乳系统、前乳房、后乳房。占牛体总评分的40%。

(1)泌乳系统 包括3个描述性状。占乳房评分的20%。

①*乳房深度* 指乳房底部到飞节的距离。乳房底部距飞节12厘米最理想,评5分;如与飞节平,为极深,评1分;距飞节18厘米,为极浅,评8～9分。3胎以上母牛,距飞节5厘

米,最理想评 5 分;距飞节 12 厘米为很浅,评 8 分;与飞节平,评 4 分;低于飞节,为较深和极深,评低分。部位评分中权重为 30%。线性评分 1～9 分转换成功能分,分别为 55,65,75,85,95,85,75,65 和 55。

②乳房质地　按乳房腺体织组或结缔组织构成进行评分。腺体组织乳房质地柔软细致,挤完奶后乳房即收缩,最为理想,评高分 9 分;腺体组织乳房为中等,评 5 分;结缔组织乳房不理想,评 1 分。部位评分中权重为 35%。线性评分 1～9 分转换成功能分,分别为 55,60,65,70,75,80,85,90 和 95。

③中央悬韧带　也叫乳房中隔。评分按悬韧带的强度。悬韧带极强的个体,乳中沟明显,深度可达 5～6 厘米,把后乳房分为左右两个部分者,可评 8～9 分;中等状态,乳中沟深 3 厘米,评 5 分;乳房底部呈圆形,无明显乳中沟者,评 1 分。部位评分中权重为 35%。线性评分 1～9 分转换成功能分,分别为 55,60,65,70,75,80,85,90 和 95。凡乳房前吊、乳房后吊和乳房形状差的个体应扣分。

(2)前乳房　包括 3 个描述性状。占乳房评分的 35%。

①前乳房附着　从侧面触摸,附着极强个体,手很难伸入乳房基部,可评最高分 9 分;极弱个体评 1 分;中等评 5 分。部位评分中权重为 47%。线性评分 1～9 分转换成功能分,分别为 55,60,65,70,75,80,85,90 和 95。

②前乳头位置　指前乳头基部在乳区内附着的位置。附着在乳区内侧,左右两乳头几乎挤在一起,为极内个体,评 9 分;附着在乳区最外侧,为极外个体,评 1 分;附着在乳区中间,评 5 分。最理想为附着在中间稍微偏内一点,评 6 分。部位评分中权重为 21%。线性评分 1～9 分转换成功能分,分别为 57,65,75,80,85,90,85,80 和 75。

③前乳头长度　乳头长度5厘米，手工挤奶与机械挤奶均较适宜，评5分；极长个体达10厘米，评9分；极短个体2.5厘米，评1分。部位评分中权重为32%。线性评分1～9分转换成功能分，分别为50，60，70，80，90，80，70，60和50。

凡前乳房膨大，前乳房肥赘，左右不均衡，前乳头短，前乳头不垂直，前乳头有副乳头，前乳区有瞎乳区者应扣分。

(3)后乳房　包括3个描述性状。在乳房评分中占45%。

①后附着高度　指后乳房腺体组织的最上缘与阴门基部之间的距离。乳腺上缘距阴门基部的距离越近越好。距阴门基部的距离小于或等于16厘米，可评最高分9分；距离24厘米，为中等，评5分；距离大于或等于32厘米，评1分。部位评分中权重为40%。线性评分1～9分转换成功能分，分别为55，65，70，75，80，85，90，95和100。

②后附着宽度　指后乳房的腺体组织的上缘在奶牛后裆之间的附着宽度。附着宽度≥23厘米，为极宽个体，评9分；宽度在15厘米，为中等，评5分；宽度≤7厘米为极窄，评1分。部位评分中权重为40%。线性评分1～9分转换成功能分，分别为55，65，70，75，80，85，90，95和100。

③后乳头位置　评分与前乳头位置评分基本一致。最佳评5分。部位评分中权重为20%。线性评分1～9分转换成功能分，分别为55，60，65，75，90，75，70，65和55。

凡后乳房左右不均称、后乳头短、后乳头不垂直、后乳头位置向后、后乳头上有副乳头、后乳房有瞎乳头的，应扣分。

5. 乳用特征　包括1个描述性状。占牛体总评分的12%。

奶牛的棱角性是指奶牛整体乳用特点是否明显，3个楔形（背部、侧面和正面）是否明显，骨骼轮廓是否明显，3个楔形极明显评最高分9分，中等评5分，极差评1分。肋间近应扣分。线性评分1～9分转换成功能分，分别为57，64，69，74，78，81，85，90和95。

（二）体型鉴定的分数计算方法

1．部位评分 各部位分数的计算公式为：

部位评分 = $\sum n$(功能分×权重) − $\sum n$(缺陷性状扣分)或

$\sum n$ 加权分 − $\sum n$(缺陷性状扣分)

式中：$\sum n$ 为求和的符号。

例如：某奶牛线性评分如下所述。各部分评分如下。

（1）体躯结构/容量 体躯结构6个描述性状线性评分见表2-4。另外，该牛面部歪，扣2分，凹腰，扣1分。

表2-4 体躯结构6个描述性状线性评分

项 目	评 分	功能分	权重（%）	加权分
体 高	6	90	15	13.5
前 段	7	100	8	8
体 躯	6	85	20	17
胸 宽	7	85	29	24.65
胸 深	6	90	20	18
腰强度	5	75	8	6

注：加权分为功能分与权重的乘积

体躯结构/容量评分 = 体高功能分×权重 + 前段功能分×权重 + 体躯功能分×权重 + 胸宽功能分×权重 + 胸深功能分×权重 + 腰强度功能分×权重 − 面部歪 − 凹腰 = 90×15% + 100×8% + 85×20% + 85×29% + 90×20% + 75×8% − 2 − 1 = 84.15（分）；或13.5 + 8 + 17 + 24.65 + 18 + 6 − 2 − 1 = 84.15（分）。

(2) **尻部** 尻部2个描述性状线性评分见表2-5。

表2-5 尻部2个描述性状线性评分

项　目	评　分	功能分	权重(%)	加权分
尻角度	5	90	46	41.4
尻　宽	5	75	54	40.5

尻部评分 = 41.4 + 40.5 = 81.9

(3) **肢蹄** 肢蹄6个描述性状线性评分见表2-6。

表2-6 肢蹄6个描述性状线性评分

项　目	评　分	功能分	权重(%)	加权分
蹄角度	5	81	20	16.2
蹄踵深度	5	80	20	16.0
骨质地	6	85	20	17.0
后肢侧视	4	80	20	16.0
后肢后视	5	78	20	15.6
蹄瓣均衡	5	—	—	—

肢蹄评分 = 16.2 + 16 + 17 + 16 + 15.6 = 80.8(分)

(4) **乳　房**

①泌乳系统　泌乳系统3个描述性状的线性评分见表2-7。

表2-7 泌乳系统3个描述性状的线性评分

项　目	评　分	功能分	权重(%)	加权分
乳房深度	5	95	30	28.5
乳房质地	6	80	35	28
中央悬韧带	7	85	35	29.75

泌乳系统评分 = 28.5 + 28 + 29.75 − 0 = 86.25(分)

②前乳房　前乳房3个描述性状的线性评分见表2-8。

表2-8　前乳房3个描述性状的线性评分

项　目	评　分	功能分	权重(%)	加权分
附　着	6	80	47	37.6
乳头位置	5	85	21	17.85
乳头长度	5	90	32	28.8

前乳房评分 = 37.6 + 17.85 + 28.8 = 84.25(分)

③后乳房　后乳房3个描述性状的线性评分见表2-9。

表2-9　后乳房3个描述性状的线性评分

项　目	评　分	功能分	权重(%)	加权分
附着高度	5	85	40	34
附着宽度	6	80	40	32
乳头位置	5	90	20	18

后乳房评分 = 34 + 32 + 18 = 84(分)

乳房总评分 = 86.25 × 20% + 84.25 × 35% + 84 × 45%

= 17.25 + 29.49 + 37.8 = 84.54

(5)乳用特征　该奶牛乳用特征评分为6,功能分为81,权重为12。

2.体型外貌总分　体型外貌总分的计算公式如下。

体型外貌总分 = ∑n(部位评分 × 权重) = ∑n各部位加权分

根据各部位评分列表2-10。

表 2-10　各部位评分、权重和加权分

项　目	评　分	权重(%)	加权分
体躯结构/容量	85.15	18	15.33
尻　部	81.9	10	8.19
肢　蹄	80.8	20	16.16
乳　房	84.54	40	33.82
乳用特征	81.0	12	9.72

体型外貌总分 = 15.33 + 8.19 + 16.16 + 33.82 + 9.72 = 83.22

3. 体型外貌等级划分　根据体型线性鉴定结果,计算出外貌总分进行划分等级。

优秀(EX)　90~100分。

很好(VG)　85~89分。

好(GP)　80~84分。

好(G)　75~79分。

一般(F)　65~74分。

差(P)　65分以下。

六、怎样鉴定奶牛年龄

年龄是评定奶牛经济价值的重要指标之一。年龄与其生长、繁殖和生产性能密切相关。从外地购买奶牛,在没有详细的奶牛档案状况下,掌握年龄鉴定尤为重要。

年龄鉴定技术和方法有多种。一般常用的有以下几种。

（一）根据外貌

这是一种较简单的方法。根据外貌特征，可大致区分老年牛与幼年牛，但不能判断准确年龄。年轻的奶牛，一般被毛光泽，皮肤柔润，富有弹性，眼盂饱满，目光明亮，行动活泼。老龄牛则与此相反，被毛乱而缺乏光泽，眼盂凹陷，有较多的皱纹，目光呆滞，塌腰，凹背，肢前踏，行动迟钝。但也有的奶牛未老先衰；或虽年老，体态仍然表现不老。在鉴定过程中，要防止造假者巧装打扮。

（二）根据角轮

角轮是在饲料贫乏或怀孕期间，因营养不足而形成纹路（凹陷）。在一般情况下，母牛每年分娩1次，角上即出现一凹轮。所以，通常把角轮数加初配年龄，即认为是母牛年龄。但角轮深浅与营养关系密切，营养好角轮浅，界线不清，不易判定。有些造假者，将牛角截短，并磨去1～2个角轮，使购牛者判断失误。所以，角轮不能作为母牛年龄鉴定的惟一方法。

（三）根据牙齿

根据牙齿鉴定年龄，一般是以门齿的发生、更换和磨损情况为依据。奶牛共有32枚牙齿。分门齿和臼齿。门齿有4对，8枚，上腭无门齿。第一对叫钳齿，第二对叫内中间齿，第三对叫外中间齿，第四对叫隅齿。臼齿分前臼齿和后臼齿，每侧各有三对，共24枚。

初生犊牛有乳门齿（乳牙）1～2对。一般21日龄乳牙全部长出，但无后臼齿，共20枚。3～4月龄长齐，4～5月龄开始磨损，1岁时4对乳门齿显著磨损。

乳门齿小而洁白,齿间有孔隙,齿颈明显;永久齿大而厚,色棕黄粗糙。

1.5~2岁,出现第一对永久齿;2.5~3岁,长出第二对永久齿;3~3.5岁,长出第三对永久齿;4~4.5岁,长出第四对永久齿,俗称齐口。5岁以后第一对门齿开始磨损,6岁第二对磨损,7岁第三对磨损,8岁第四对磨损。门齿磨损面最初为长方形或横椭圆形,以后逐渐变宽,而后近于椭圆形,最后有圆形齿出现。9岁第一对门齿凹陷,齿星近圆形;10岁第二对门齿凹陷,齿星呈近圆形,11岁第三对门齿凹陷,12岁第四对门齿凹陷,齿星均为近圆形;13~14岁门齿变短,磨损面变大,齿间隙变宽,有的已脱落。以后的年龄,根据牙齿则不易鉴定。

由于牙齿脱换、生长和磨损的变化,受诸多因素影响,所以通过年龄鉴定,根据牙齿的变化情况,既可了解年龄,又可改进饲养管理方法。如饲草质量过差或管理粗放,一般牙齿磨损快衰老快。相反,饲养条件好,管理细致,牙齿则磨损较慢,衰老也较缓慢,利用年限长。

七、怎样建立牛群技术档案

奶牛场(户)拥有了良种和优良个体后,首要任务是使其适应本地区饲养条件,发挥其应有的优良特性和生产性能。与此同时,必须对牛群中每个个体建立技术档案,并根据档案资料,研究制定继续提高牛群质量和整体生产水平的育种改良方案。牛群技术档案一般包括如下内容。

（一）牛体编号及牛群登记

1. 牛体编号 犊牛出生后，即应编制牛号，以便辨认。中国奶协制定了如下的统一编号方法。

母牛编号由十位数字、四个部分组成。

第一部分	第二部分	第三部分	第四部分
（省、市、区编号）	省、市、区牛场编号	出生年度	年内出生顺序号
两位数	三位数	后两位数	三位数

公牛编号由八位数、四个部分组成。

第一部分	第二部分	第三部分	第四部分
两位数	一位数	后两位数	三位数

2. 牛群登记 牛群中每头牛都应造册登记，其内容包括：牛号、出生日期、出生地、父号、母号、目前胎次、上次产犊日期、目前状况、所养地址等。

（二）牛群日记

包括日期、牛号、出生、购进、销售、淘汰、死亡，并附说明。

（三）产奶记录

每头母牛都应有产奶量、乳脂率、乳蛋白率及饲料消耗等记录。由养牛场（户）记录，或由生产性能测定中心测定后记录。

(四)繁殖记录

包括母牛号、胎次、配种日期、与配公牛、妊检情况、预产日期、产犊情况(包括犊牛出生日期、犊牛号、性别、初生重、留养状况)。

(五)生长发育记录

包括犊牛、育成牛、初孕牛各阶段生长发育的体尺、体重记录,初孕牛、成年母牛的配种日期和产犊日期。

(六)兽医记录

包括病历档案和防疫记录。

八、怎样为母牛选择与配公牛

为母牛选择与配公牛,也就是为母牛选择配偶。实践证明,公、母牛选配正确与否,对下一代的优劣起着决定性的作用。所以,为母牛选择与配公牛,绝不可随随便便。一定要在充分掌握每头母牛在外貌、生产性能等方面的优缺点基础上,为其选择遗传素质好、生产性能高的优良公牛。

(一)个体选配

个体选配是指选择某一头公牛与某一头母牛进行交配。个体选配是以个体选择结果为依据,可以从遗传上考虑品质相同或品质不同个体间选配,也可考虑有无亲缘关系之间的选配。

（二）群体选配

根据交配双方是属于相同的还是不同的种群进行选配。相同的种群选配，称为纯种繁育，不同的种群选配，称为杂交繁育。

（三）品质选配

1. 同质选配　是选择生产性能一致、性状相同、育种值均优良的公、母牛进行配种，以求获得相似优良后代。也就是好的配好的产生好的。但应避免有相同缺点的公、母牛交配，以免加深其缺点。但长期使用同质选配，会造成后代生活力下降。不良个体必须淘汰。

2. 异质选配　是选择具有不同优点公、母牛进行配种，以求获得兼有双亲不同优点的后代。如选一头产奶量高的牛与乳脂率高的牛交配，以求获得产奶量与乳脂率都较高的后代。另一种是选用同一性状、但优劣程度不同的公、母牛相配，即以好改坏，以优改劣，以期后代能在这一性状上取得较大改进与提高。如肢蹄差的母牛可用肢蹄好的公牛交配，其后代的肢蹄性状可得到改进。

（四）亲缘选配

按个体间亲缘关系进行选配，可以使优良基因纯合而集中于后代。在三代内有血缘关系公、母双方交配，称近交。实践表明，多数情况下，近交有害，应避免近交，如父女、祖孙及兄妹间交配。

在一般情况下，公牛的生产性能与外貌等级应高于与配母牛等级，绝不能使用低于母牛等级的公牛与它交配。

（五）杂交繁育

1. 引入杂交　为纠正奶牛某个品种缺点，可引入另一品种奶牛的血缘，使品种性状更加完善。其优点在于不改变原牛群的育种方向，并保留大部分优良性状。例如，当前我国荷斯坦牛产奶量较高，但乳脂率偏低，所以，有些地方已引入乳脂率高的娟姗牛杂交。

2. 级进杂交　用优良品种公牛与低产品种母牛进行逐代交配，改良低产牛品种，使其达到接近优良性能品种。在一般情况下，用奶牛改良黄牛，三代以上杂种母牛一个泌乳期产奶量可达 2 200～3 500 千克。在广大农牧区值得推广。

九、母牛繁殖技术

公、母牛的选配方案能否变为现实，必须通过公、母牛的交配才能实现。所以人们常说，繁殖配种是关键。母牛配种不受孕，奶牛生产将化为乌有。为了使母牛群繁殖正常，达到 1 头适繁母牛每年繁殖 1 头的目标，建议采取以下技术措施。

（一）掌握母牛发情规律与发情鉴定方法

实践证明，及时准确地发现母牛发情是配种的前提。所以，为了取得良好的配种效果，必须熟练掌握母牛发情规律及其发情鉴定方法。

1. 初情期及配种年龄　奶用母牛生长发育到 8～13 月龄，体重达成年母牛体重 45%时，一般出现初情期。但不可配种，必须到 15～16 月龄达到体成熟，体重达成年母牛体重的 70%（荷斯坦牛为 350～400 千克），方可配种。饲养差的晚熟品种，可在18～20月龄配种。

2. 发情周期 成年奶牛的发情周期平均为21(18～24)天，育成母牛的发情周期一般为20天左右。发情持续期较短，成年母牛大约20小时(6～36小时)，育成牛15小时(10～21小时)。排卵一般发生在发情结束后10～16小时，此时有70%～80%育成牛和30%～40%成年母牛出现子宫出血。因此，准确的发情鉴定与适时配种是提高受胎率的有力措施。

3. 发情鉴定 准确的奶牛发情鉴定是做到适时输精和提高受胎率的重要保证。由于母牛的发情持续期较其他家畜短，而外部表现明显。因此，提高母牛发情鉴定的技术水平，掌握有关方法是十分必要的。发情鉴定多以外部观察为主，阴道检查为辅；必要时，也可进行直肠检查；有条件的牛场还可用结扎输精管的公牛试情或其他有效而可行的方法。

(1)外部观察结合阴道检查法 主要根据母牛在发情时的行为和生理表现，特别是母牛是否接受其他母牛的爬跨，作为母牛发情的主要依据。观察时应将母牛放入运动场中，每天定时观察。

母牛性行为的表现程度与每群发情母牛的头数有关，许多母牛同时发情，会使其中每头母牛的发情表现更加明显。将母牛散放在防滑并有充足空间的运动场上进行发情检查是十分有益的。母牛的发情可分为三个不同的阶段。

①发情早期 一个达到性成熟尚未妊娠的母牛每18～24天有一次发情。当卵巢上新的卵泡迅速发育，此期母牛出现最早的发情表现。这一阶段持续时间为6～12小时。其表现大致如下：一是母牛被其他母牛爬跨时站立不稳是这一阶段的主要标志；二是母牛试图爬跨其他母牛；三是闻嗅其他母牛；四是追寻其他母牛并与之为伴；五是兴奋不安；六是

敏感；七是阴门湿润且有轻度肿胀；八是哞叫。

②站立发情阶段　站立发情阶段的持续时间一般为6～18小时，在炎热的条件下持续时间比温暖条件下要短。其表现为：一是接受其他牛的爬跨，这是这一阶段的最明显特征；二是爬跨其他母牛；三是不停地哞叫，频繁走动；四是敏感，两耳直立；五是弓背，腰部凹陷，荐骨上翘；六是闻嗅其他母牛的生殖器官；七是阴门红肿，有透明粘液流出；八是因爬跨致使尾根部被毛蓬乱；九是食欲差，产奶量下降；十是体温升高；十一是尾部和后躯有粘液。

③发情后期　站立发情阶段后，一部分母牛会继续表现发情行为。这一阶段为发情后期，可持续12小时。其表现为：一是不接受其他牛的爬跨；二是发情母牛被其他母牛闻嗅或有时闻嗅其他母牛；三是有透明粘液从阴门流出；四是尾部有干燥的粘液。

发情结束后2天左右，一些母牛可能从阴门流出带血的粘液，有人称其为“月经”，这是正常的并可消除某些对发情观察不明显或有怀疑的情况。“月经”后的下一次发情大约在19天后开始。

大多数母牛的发情表现在每天的凉爽阶段更为明显。在每天早晨挤奶前、下午挤奶前和晚上10时左右对母牛做3次观察，一般可得到良好的结果。

(2)直肠检查法　是用手通过直肠壁触摸母牛卵巢上卵泡发育的情况，来判断母牛发情的进程，确定输精的时间。此法具有准确、有效的特点，但由于这项检查比较繁琐，劳动强度大，在生产中并不经常使用，而多用于发情表现不甚明显或输精后再发情的母牛。个体饲养的奶牛群体小、难于观察时，也常用此法。

直肠检查技术需要有较长时间的训练和实践过程,才能熟练掌握,技术人员在上岗前进行一定时间的培训是十分必要的。

①*检查方法* 先戴上塑料薄膜手套,手指并拢呈锥形,缓缓插入肛门并伸入直肠,先掏出直肠内的宿粪,然后再进行检查。一般用左手伸入直肠后,手心向下,手掌展平,手指微曲,在骨盆底部下压,先找到子宫颈。再沿子宫颈向前即可摸到两侧的子宫角,两角之间有明显的角间沟。沿子宫角的大弯向下或两侧探摸可以找到卵巢。

找到卵巢后,可用拇指、食指和中指触摸卵巢的大小、形状、质地和卵泡发育情况,确定卵泡发育的程度,判断发情的时期和输精的时间。

②*卵泡发育过程* 与马、驴相比,母牛的卵泡较小,发育的过程也短些,但它突出于卵巢的表面,较易触摸。对于母牛在发情过程中卵泡的发育可以人为地分为四个阶段,即出现期、发育期、成熟期和排卵期。

第一,卵泡出现期。卵巢开始增大,卵泡在卵巢的局部发育并突出,直径0.5厘米左右,触诊时为一软化点。此时母牛开始有发情表现,但不接受爬跨。这一阶段一般持续6~12小时。

第二,卵泡发育期。卵泡继续增大到1~1.5厘米,呈圆形,明显突出于卵巢表面。卵泡壁紧张而有弹性,有一定的波动感。此时母牛发情表现明显,接受爬跨。可维持8~12小时。

第三,卵泡成熟期。卵泡不再增大,泡壁变薄,紧张度增强,随后变软,有一触即破之感,触摸时用力不均或过猛极易造成卵泡破裂。此时母牛发情表现减弱,拒绝爬跨,转入平静。一般维持 6~12 小时,是输精配种的最佳时期。

第四,排卵期。卵泡破裂排卵,卵泡液流失,泡壁松软、塌陷,触摸时有两层皮之感。排卵后 6~8 小时,黄体开始形成,直径 0.6 厘米左右,有肉样感觉。黄体进一步发育达到成熟,直径约 2 厘米,呈坛口状突出于卵巢表面。此时母牛安静,不接受爬跨。

(3)试情法 适用于以放牧为主的奶牛群和小群饲养的牛群。主要有两种方法:一种是将结扎输精管的公牛放入放牧母牛群中,白天放入,夜间分开,根据公牛追逐爬跨母牛的情况以及母牛的反应,判断发情的程度和确定输精的时间;另一种是让试情公牛与母牛靠近,观察公牛的态度和母牛的反应,最好结合阴道检查的结果进行综合判断。

(4)其他方法 一些特殊的方法有助于饲养者进行母牛发情观察。例如,用充满颜料且对压力敏感的装置固定于母牛的尾根处,当其接受其他母牛爬跨时,即可留下明显的印记。也可以在试情公牛的下颌处带上一个装有染料的小球,当其爬跨发情母牛时,即可在母牛的肩部留下印记。还可将计步器固定在母牛的前肢,可显示母牛的活动情况。母牛发情后活动频繁,计步器显示的数字会明显增加,有助于对发情的判断。此外,母牛产奶量下降、进食量减少等,都可作为发情观察的参考。而最可靠的发情表现,还是显而易见的外部征候。

(二)配种适期

综上所述,多数人认为,母牛接受爬跨(即站立发情阶段末期),其中以母牛接受爬跨 8~20 小时范围内输精受胎率最高。配种员一般采用方法是:早晨母牛接受爬跨,当天下午配,次日早晨如仍接受爬跨,可再配种1次。为防止配种失误,如不了解母牛发情开始时间可于发现发情时立即配种,再隔6~8小时进行第二次配种。

(三)熟练掌握人工授精技术

熟练掌握人工授精技术是提高母牛受胎率的重要环节。配种员应按照以下程序操作。

1. 准备工作 打扫室内卫生。检查和清洗消毒输精器械、用具(包括显微镜)。对受配牛进行保定。配种员配种前将手与臂用75%的酒精消毒。提取精液,防止误用公牛。用冻精配种,经过解冻提温处理的精液活力不低于30%。输精前应检查精液品质。

2. 输精(配种)方法 输精前先把母牛尾巴吊在尻部一侧,用手掏出直肠内的牛粪,将外阴部周围污物清洗干净,然后用0.1%的高锰酸钾溶液消毒,用消毒纱布或毛巾擦手,输精时用手拨开阴户,把预先吸好精液的输精管(枪)慢慢插入阴道内固定,另一手伸进直肠内隔着肠壁把握住子宫颈,两手内外配合把输精管轻轻插入子宫颈深部,将精液输入。

3. 输精后的工作 输精后应立即做好配种记录,并对一切输精器械进行清理消毒,放于清洁干燥处备用。配种记录包括牛号、发情表现、配种日期、与配公牛号及其他。

(四)妊娠检查

配种后应及早进行妊娠诊断。如未怀孕应尽早再配;如已怀孕应加强饲养管理,并预计停奶日期、产犊日期等。

妊娠诊断方法有多种。①如受孕母牛则不再发情;②受孕母牛行动温驯,嗜睡,喜欢单独行动;③直肠检查,受孕30

天左右，母牛子宫孕角已略有增粗，比较饱满有弹性。

十、怀孕母牛的饲养管理

（一）怀孕期饲养管理

怀孕母牛在妊娠各个阶段均可发生流产。引起流产的原因很多，其中饲养管理不当最为多见。例如，饲料质量低劣、水质与水温不佳、气温过冷或过热、剧烈运动、长途运输、机械损伤，以及医疗与配种工作失误等。所以，必须加强怀孕母牛的饲养管理。

日粮必须平衡，以确保母体和胎儿得到必需营养。

怀孕中后期，为预防产前瘫痪应补饲适量碳酸钙、石粉及多种维生素，并适当增加运动。

产前2个月应停止挤奶，并安排干奶期饲养管理。奶牛预产期以妊娠280天计算，为交配月份数减3，交配日数加6。例如，某奶牛6月5日受孕，预产期则为3月11日（$6-3=3$；$5+6=11$）。

（二）干奶方法及干奶期饲养管理

1. 干奶方法 怀孕母牛一般在预产期前60天左右开始停奶，以便使其恢复体况，积蓄营养，满足胎儿生长发育的需要。但对高产牛、体弱牛可适当延长其干奶期。对体质强壮的奶牛也可适当减少。停奶应采取快速停奶法，7～10天即可达到停奶目的。停奶一般不停喂精料，精料量占体重0.6%左右，可使其自由采食青贮饲料和干草，但应减喂块根饲料和糟渣饲料。千万不要认为干奶牛不产奶，而放松饲养和管理。干奶期已进入怀孕后期,是胎儿迅速生长发育阶段,需要较多营养。同时,干奶期奶牛乳腺分泌活动停止,分泌上皮细胞进行更新,需要为产后泌乳做准备。所以,干奶期奶牛营养要适当,饲养要合理,管理要细致。

2. 干奶期饲养 干奶期分干奶前期和干奶后期。干奶前期是指停奶之日起至泌乳活动完全休止,一般需1~2周。在这期间在满足其营养前提下,应尽早使其停止泌乳活动。日粮中可不喂多汁饲料及酒糟类,可适当搭配精料。精料营养成分应比泌乳牛精料所含蛋白质少2%~3%。如母牛体况不好,可仍喂泌乳牛日粮。精料日喂量应根据青粗料质量及母牛体况而定。对体况好的奶牛,仅喂以优质干草即可。要防止肥胖,以免影响分娩。对体况欠佳奶牛,应以泌乳牛营养需要为准;对一般体况的奶牛,可以青、粗饲料为主,适当搭配精料(占体重0.6%左右)。干奶后期是指干奶前期结束后至预计产犊前15天。在此期间,体况差的母牛应有适当增重,至临产前体况达中上等水平。日粮中适当控制青、粗饲料喂量,加喂一定精料。对体况偏瘦的牛应早加料。如气温过低,则应多加些精料。日粮中可消化蛋白质含量以保持在11%左右为宜。

在饲喂过程中,必须重视饲料卫生,不可饲喂发霉变质的精料和冰冻霉烂的块根、块茎、青贮等饲料,不饮冰冷的水,冬季饮水水温保持在10℃~19℃。

3. 干奶期管理 干奶期管理也很重要,不可粗心。必须加强卫生管理,保持牛舍垫草清洁,天天刷拭牛体,尤以妊娠中期,皮肤代谢旺盛,容易生成皮垢,必须天天刷拭,以促进血液循环。同时,在刷拭过程中要防止触摸乳房,密切注意乳房变化。

十一、围产期饲养管理

围产期也称临产前后期。是指母牛临产前15天和产后15~21天的一个时期。

(一)临产前饲养管理

为了减少病菌感染,母牛临产前15天应转入产房。进产房前用2%~3%来苏儿溶液将母牛后躯和外阴清洗擦干。在产房内每牛占一产栏,不系绳,任母牛自由活动。产房应由有经验的饲养员管理。产栏应事先清洗消毒(2%火碱水喷洒),并铺以清洁干燥褥草。产房地面应做防滑处理,以免母牛滑倒流产。天晴时应让母牛到运动场适当活动,但应防止挤撞摔倒,以保证顺利分娩。

临产前1周,可在干奶期基础上继续增加精料喂量。但不可过量,即不超过体重1%,应以母牛体况和计划泌乳盛期的产奶量而定。如体况不佳,泌乳盛期计划日产奶15千克,则应喂料4.3千克;泌乳盛期计划日产奶25千克,精料应喂5.7千克;泌乳盛期计划日产奶35千克,则应喂精料7.6千克。如体况一般,喂精料量分别为3.5千克,4.8千克和6.7千克。如体况良好,精料喂量分别为2.7千克,4千克和6千克。

产前2~3天,日粮中适当增加麦麸,防止便秘。产房工作人员进出产房要穿工作服,用消毒液洗手,产房入口处设消毒池,进行鞋底消毒。产房应昼夜有人值班。发现母牛有临产征候——腹痛、不安、频频起卧时,即用0.1%高锰酸钾液擦洗生殖道外部。产房要经常备有消毒药品、毛巾和接产用器具等。

产前2周对老弱牛应用糖钙疗法，肌内注射维生素D和孕酮，预防乳热、胎衣不下和酮病发生。

产前20天进行补硒和维生素E，可预防产后胎衣不下，效果较好。

（二）分娩期饲养管理

母牛分娩应尽量使其自然分娩。从阵痛开始1~4小时犊牛即可产出。如发现异常应请兽医助产。

母牛正常分娩应使其左侧躺卧。犊牛出生后，尽早驱使母牛站起，并饮喂热麸皮盐钙汤10~20千克（麸皮500克，食盐50克，碳酸钙50克），以促母牛恢复体力和排出胎衣。为减少产后生殖道感染，母牛分娩后应尽快把牛体的两肋、乳房、腹部、后躯和尾部等污脏部分，用温水洗净，擦干，并把沾污的垫草和粪便清除出去，地面消毒后铺上清洁的干垫草。一般母牛产后1~8小时内胎衣排出。胎衣必须及时清除，并用来苏儿水清洗外阴部，以防感染。

为了使母牛恶露排净和产后子宫早日恢复，通常补饮热益母草红糖水（益母草粉250克，加水1.5升，煎成水剂后，加红糖1千克和水8升，水温40℃~50℃），每天1次，连服2~3次。

犊牛出生后，除尽快清除口鼻腔中的粘液外，还应用7%碘酊涂于犊牛脐部，以防感染。如脐带过长，应剪短，使断面接近牛体，然后用碘酊涂抹断脐部位；如脐带剪断处流血不止，可用细绳将残留的脐带扎住。初生犊牛一般30~60分钟即可站起，此时母牛即可开始挤奶。挤奶前挤奶员一定要用肥皂水洗手，用温水洗净乳房，并用新挤出的初乳饲喂犊牛。

（三）产后期饲养管理

母牛产后的护理十分重要，环境必须安静，饮水充足，选高品质干草供牛采食。为预防产褥疾病的发生，应对外阴严加消毒，并保持四周环境清洁，地面应干燥，勤换垫料。

日粮应以优质干草为主，补以易于消化的玉米、麸皮。钙由产前占日粮干物质0.2%增加到0.6%。产后3～4天，如母牛食欲良好，健康，粪便正常，乳房水肿消失，随着产奶量的增加，应逐渐增加精料。但精料每天增加量以0.5～1千克为宜（最大喂量4千克）。青贮料每天喂量为10～15千克。

产后7天母牛食欲和消化功能逐渐好转，精料和多汁饲料喂量可逐渐增加。

此期间饲养管理主要是恢复母牛体质，不过早催奶，以防止引起产后疾病。

第三章　改善环境与福利管理

福利管理包括良好的健康、合理饲养和良好的房舍环境。为了有利于奶牛生产水平的提高,必须改进生产中那些不利于奶牛生产的方式,使奶牛与它的环境相协调,精神和身体完全处于健康的状态。所以,从选址建场到设施配置,都要尽力为奶牛创造一个良好的生产环境。要改变传统的人、畜同居的做法,实行小区福利管理。让奶牛能够自由吃料、自由饮水、自由躺卧与自由活动;奶牛怕热,夏季要做好防暑降温工作,建钟楼式棚舍,搭遮阳棚,装水雾喷头和风扇,在炎炎夏日,使棚舍内凉风习习。定期检疫,严格防疫,确保牛群舒适与健康。

一、在改善环境与福利管理方面的误区

在奶牛场(户)日益增多的今天,奶牛场(户)改善环境与福利管理已成为人们关注的热点。牛场环境污染对奶牛安全生产已造成了极大的压力和影响,严重地影响着人、牛健康和牛奶产量及卫生质量的提高。所以,改善环境与福利管理,使奶牛与它的环境相协调一致的精神和身体完全健康的状态,是不容忽视的一件大事。但有些奶牛场(户)在这一问题上,存在着不少误区,其主要表现形式如下。

(一)牛舍及其设施方面的误区

1. 人、牛混居　一些养奶牛户人、牛共居,1 间养牛,1 间

住人，或1层养牛，另1层住人。夏季蚊、蝇孳生十分严重，再加上设施简陋，挤奶等方面不符合卫生要求。所以，鲜牛奶中菌落总数超标，严重影响了牛奶卫生质量和经济效益。更严重地是影响消费者的健康。为了改变人、牛共居，有些地区推广奶牛小区饲养。小区内统一规划（包括上下水、电路等），集中饲养，统一防疫，牛粪、尿集中处理，饲料加工、配种、兽医治疗设施齐全，并设有专业技术人员服务，鲜奶由收购部门上门收购，从而使奶牛小区饲养管理的环境大为改观，值得推广。

2. 不设贮粪池或堆粪场 废渣（粪尿、垫料、废草）随处堆积，污水到处乱流，恶臭气味刺鼻的奶牛场（户）比较多见。在这种情况下，由于没有贮粪设施，废渣到处堆积，从而造成了牛场周围土壤、空气和水的污染。所以，奶牛场（户）对环境污染必须尽快采取治理措施，为奶牛创造一个良好的生态环境，既不污染外界环境，又不受外界污染，这是生产优质牛奶的必备条件。只有这样，才能使奶牛场生产得到持续发展。

3. 牛场设计不合理，设施不配套 合理规划与设计牛舍的目的，是为劳动者和奶牛创造一个稳定而宽松的生产环境，包括自然环境（牛舍、气象条件等）和生物环境（牛群伙伴、昆虫等）。但有不少奶牛场（户）乱建牛舍或建筑过密，又无活动场所（运动场），再加上通风透光不好，阴暗潮湿，牛舍卫生极差，粪尿污染严重，恶臭异常，极大地影响了奶牛产奶量及其质量，影响人、牛的健康。为此，对设计不合理和不配套的奶牛场，应尽快加以改造与完善，以免使生产受损。

比如，运动场可为奶牛创造良好休息、反刍场所。在运动场中搭建凉棚，可起到遮挡日光，防止太阳直射的良好作用，对防止牛体体温升高，采食量下降，体重减轻，发情紊乱都能起重要作用。所以，奶牛场（户）建牛舍时，必须搭建凉棚。

（二）在健康管理方面的误区

1. 不消毒，不设门卫 消毒目的是为了消灭外界环境、牛体表及用具上的病原微生物和寄生虫等。定期消毒非常重要，应作为奶牛场（户）一个重要生产环节，常抓不懈，并建立健全消毒制度。但有的奶牛场（户）门口不设消毒池，或有消毒池，但不定期更换消毒液。车辆、行人和工作人员随意进出场内，携带病原入场。另外，对牛舍、场地、墙壁、栏杆、饲槽等用具，也不定期消毒。有的奶牛场（户）还饲养其他畜禽。错误认为，不消毒可以减少开支，省事，还可降低生产成本。实际上，牛群一旦发病，损失就大了。所以，还是建立健全卫生消毒制度，以确保牛场安全为好。

2. 不按规定免疫接种 奶牛的传染病虽然较少，但其危害却极大。例如口蹄疫、牛流行热等，往往都是几个省、全国甚至世界性大流行。有些传染病不仅造成严重经济损失，而且还直接威胁人类健康，如炭疽、结核病、布鲁氏菌病等人、畜共患病。所以，奶牛场（户）必须按国家规定进行奶牛传染病的防治工作，做到全方位、程序化免疫接种，以免造成损失。

3. 不检疫 检疫是指应用各种检测手段和诊断方法对奶牛进行疫病检查。其目的是检出带有病原体的奶牛，以防止疫病的传播和蔓延。这是疫病防治工作中的一项重要措施。目前我国规定，奶牛场（户）每年春、秋季应进行结核检疫、布鲁氏菌检疫。按规定，凡检出结核阳性牛，须进行扑杀，深埋或火化；对患布鲁氏菌病牛应扑杀，销毁处理，并严格消毒。近年来，结核病、布鲁氏菌病，发病率有上升趋势，所以奶牛场（户）千万不可疏忽大意，一定要认真做好检疫。

4. 不驱虫 体表寄生虫使牛全身不适，急躁不安，蹭墙磨桩，增加营养消耗；体内寄生虫不仅消耗营养，而且有些寄生虫会严重干扰奶牛的生长，甚至危及生命。所以，奶牛场(户)每年春、秋两季，应安排驱除牛体内、外寄生虫，以保证牛体健康，充分发挥其产奶潜力。

(三)在日常管理方面的误区

1. 绳系颈拴养 牛群保持一定的户外活动时间，适当地接触阳光和新鲜空气，让奶牛自由活动，无疑地有助于保持奶牛的健康和高产。但有不少奶牛场(户)不设运动场，奶牛一年四季拴在槽上或舍外木桩上。特别是多数奶牛场(户)用绳系颈，极易勒伤颈皮肤，又不能活动，严重影响了犊牛与育成牛的生长发育，降低了成年母牛产奶质量及产量。成年母牛常常出现食欲不振，发情紊乱，配种难孕，胎衣排出迟滞等病态。所以，设立运动场，保证奶牛有充足活动，对后备牛生长发育和增强心肺功能，改善成年母牛繁殖功能，促进钙盐利用，提高食欲和产奶量至关重要。

2. 不刷拭 坚持刷拭牛体，对奶牛健康和高产非常重要。不仅能保持牛体清洁，促进皮肤末梢的血液循环，防止体外寄生虫等，而且还可提高饲料利用率和产奶量。但是，有些奶牛场(户)对牛体很少刷拭，其后果是污垢遍体，甚至体表孳生寄生虫，既影响牛体健康，又影响牛奶质量和产奶量。

3. 不铺褥草 牛床铺垫褥草，不仅可吸收粪、尿中的水分，保持牛床干燥，而且可保暖抵御冬季寒冷。牛床不铺褥草，容易引起乳房炎等疾病，对奶牛健康和产奶十分不利。所以，奶牛场(户)应该每天铺换褥草。

4. 不修蹄 牛蹄是牛体的承载器官，奶牛采食、行走等活动都由蹄来负重。在硬地舍饲条件下，牛长期不修蹄，又不运动，很容易使奶牛形成变形蹄（包括长蹄、猪蹄、交叉蹄、倾斜蹄、刀状蹄和拖鞋蹄等）或患蹄病。由于行走不便，极易造成创伤，食欲减退，产奶量下降，严重者甚至不能站立，最后只好被迫淘汰。所以，为保证牛蹄部的正常，奶牛场（户）在每年春、秋两季要检蹄、修蹄和护蹄1次。后备牛可根据蹄况，适当增加修蹄次数。过长蹄及变形蹄，应进行多次逐渐修整，以免一次修削过多造成出血或引发关节类等疾病。

5. 犊牛不去角和不剪除副乳头 不去角和不剪除副乳头，在牛群管理上会造成许多不良后果。有角奶牛容易发生相互顶伤，或伤害管理人员。妊娠牛一旦发生相互顶伤，很可能造成流产。不去副乳头，易于发生乳房炎，也不利于卫生挤奶。

6. 不定期清洗消毒饲槽及饲用工具 犊牛哺乳后，奶桶和食具只用清水洗涤，不用热水冲洗和消毒。每次饲喂后不清理和刷洗饲槽，剩余草料易于腐败分解，奶牛采食后容易患上胃肠道疾病，危害甚大。

7. 不严格执行各种药物的停药期 为防止鲜奶药物残留超标，奶牛场（户）应坚持"防重于治"原则，尽量为奶牛创造良好生态环境，保证不用药或少用药。对患病奶牛，要做到科学选药，正确地用药。除不滥用药物外，还务必遵守停药期的规定，使药物在奶牛体内的残留量控制在安全残留量之下。

8. 不隔离病牛 病牛隔离饲养，可避免疾病的传播，也利于对病牛护理与治疗，减少不必要的损失。

9. 不按规定选用饲料及添加剂、兽药和疫苗等 不禁用肉骨粉等饲料，监督部门不认真履行兽医卫生监督职责，从而影响了牛奶卫生质量。

二、场址选择与布局

目前，有些奶牛场(户)污染相当严重。据报道，江南某市有奶牛场(户)292家，存栏奶牛近5000头，其中20头以上约50户，50头以上约13户。如以每头奶牛年均产粪尿14.4吨计算，全年产粪尿约7.2万吨。首先，由于粪尿未能合理和有效利用，并且未经处理的粪便随意堆放，导致大量氮、磷流失，造成空气、土壤和水源污染，对人、牛和农作物造成危害。其次，由于牛场粪便、霉变垫料等散发出的恶臭气味，不仅对奶牛生产造成严重影响，而且排放到大气中危害人的健康，加剧空气污染。再次，由于患病奶牛会排出多种致病病原，如不及时处理，不仅会造成疫病传播，而且还影响周围人群的健康。由此可见，奶牛场(户)除避免三废(废水、废气、废渣)外源性污染外，还必须高度重视牛群环境保护，以利于牛群健康化管理。

为了奶牛的福利和生产优质的牛奶，首先必须选择好牛场场址，并且规划好、设计好、建设好，创造一个干净、卫生、舒适的生产环境。

(一)场址选择

奶牛场场址选择必须具有良好的生态环境，即有棚屋居住和合适的休息区，使奶牛享有舒适的自由。其内容包括：①地势高燥(场址高于周围地势)，地下水位2米以下，有一定的缓坡坡度(1%～3%)，北高南低，但总体平坦，不能在低凹处，洼地或低风口处，场址一定要排水良好，经常保持干燥；②土质以沙壤土最好，渗水性强，雨后不泥泞；③避风向阳，以减少冬、春风雪侵袭,保持场内小气候相对稳定; ④历史上未被污染和没有发生过任何传染病的地方,而且周围无传染源,无人、畜地方病; ⑤具有充足的清洁无污染的水源; ⑥为便于防疫,场址应距居民点500米,距主要交通要道、公路、铁路500米,距化工厂、畜产品工厂等1500米以外; ⑦周围地区粗饲料资源丰富,有足够的农田,以利于实现农林牧的有机结合,但绝对不准在基本农田上建场; ⑧奶牛场(户)不能成为社会的污染源,应在居民点的下风,地势低于居民区。

(二)牛场规划与布局

奶牛场规划首先应考虑有利于奶牛享有足够的空间、合理设施和生产优质牛奶并不受环境污染。同时还应根据集约化程度,以节约土地为原则进行统筹安排。牛场的建筑要紧凑,但不拥挤,要有利于整个生产流程,便于防火灭病。

1. 规划 奶牛场(户)一般包括牛场管理和人的生活区、生产和饲养区、生产辅助区、粪便堆贮区和病牛隔离区。各区应相互隔离。牛场管理和生活区应在牛场上风头和地势较高地段,与生产和饲养区保持100米以上的距离,以保证生活区有良好的卫生环境。生产和饲养区应在场区地势较低的位置,并控制场外人员和车辆直接进入生产饲养区。生产和饲养区大门口应设门卫室、消毒室、更衣室和车辆消毒池。出入人员和车辆必须进行消毒。

生产和饲养区的牛舍根据牛群大小划分不同饲养区。如产奶牛区、产房、干奶牛区、犊牛及育成牛区。并且各牛舍前还应设活动区、休息区。各区间应保持适当距离,以便防疫和防火。

粗饲料库应设在生产和饲养区下风口地势较高处,与其他建筑保持60米防火距离。饲料库、干草棚加工车间和青贮窖,应靠近牛舍,便于运送草料,减少劳动强度。

粪便池和病牛隔离区应设在生产和饲养区的下风与地势低处,并保持300米间距。病牛区应有单独通道,以便于隔离,便于消毒,便于污物处理等(图3-1)。

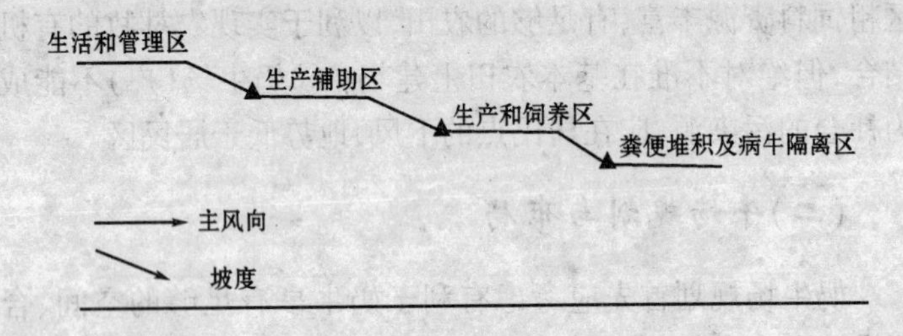

图3-1 奶牛场各区依地势、风向配置示意图

牛场运送饲料和鲜奶的道路与装运牛粪道路应分设,并尽可能减少交叉点。

2. 布局 牛场(户)在确定其布局前,首先应确定采用哪种饲养方式。目前主要有拴系式和散栏式两种形式。为便于选择,现将两种形式简述如下。

(1)拴系饲养 是以牛舍为中心,集奶牛饲喂、休息、挤奶于同一牛床,定时上槽饲养挤奶。奶牛饲养、挤奶和清粪,由一个人承担。这种形式适合农户养奶牛。但要增加奶牛每天自由活动的时间。

(2)散栏饲养 是以奶牛为中心,饲喂、休息、挤奶分设于各专区内。各区内有专人负责。奶牛场布局是三分开,即人、牛、奶三分开;奶牛饲养区、休息区、挤奶区三分开。

三、拴系式牛舍建筑及附属设施

拴系式又称颈枷式(图 3-2)。其建筑应坚固耐用,光线充足,通风良好,清粪方便,冬暖夏凉,牛舍坐北面南,北面留有通风口的墙,冬天封闭,夏天敞开,结构以砖结构为宜。

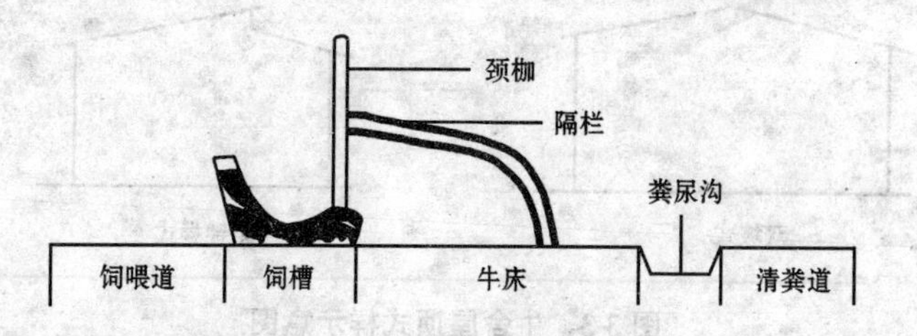

图 3-2　拴系式牛舍剖面示意图

(一)牛舍形式

拴系式牛舍屋顶常见的有钟楼式、单坡式、双坡式、半钟楼式(图 3-3)。钟楼式牛舍有利于通风换气,比较适宜于南方地区,但投资高。一般小规模奶牛场(户),宜采用单坡式,大、中型奶场(户)宜采用双坡式。北方地区冬季气候寒冷,半钟楼式牛舍通风换气较好,但夏季牛舍北侧较热;双坡式牛舍冬季关闭门窗,有利于保温,加大门窗面积,可增强通风换气,这两种牛舍比较适宜于北方地区。双坡式牛舍造价低,适用性强,是普遍采用的一种牛舍。

目前拴系饲养仍被广泛应用。其优点是在饲养管理上便于区别对待、便于人工授精和兽医治疗操作等。其缺点是不利于福利管理,劳动生产率低,难以推行机械化管理,劳动强度大。

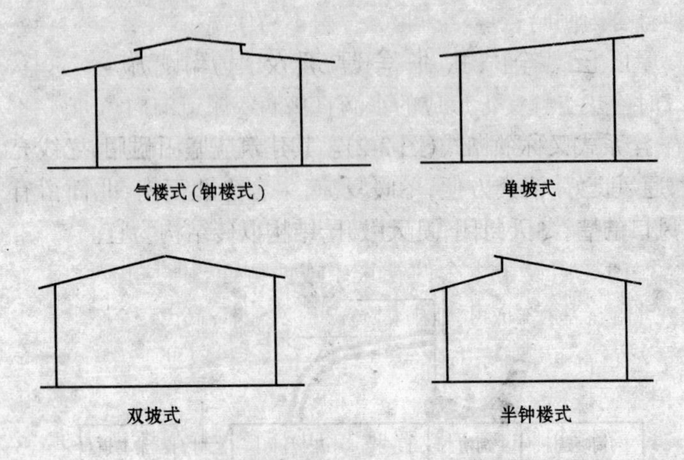

图 3-3　牛舍屋顶式样示意图

拴系式牛舍排列形式一般分有单列式和双列式两种。牛群头数在 20 头以下者,采用单列式,20 头以上者多采用双列式。

单列式一般沿牛舍纵向布置 1 排牛床位。这类牛舍跨度小,易建造,通风好,散热面大,适用于小型牛场(户)。

双列式一般沿牛舍纵向布置 2 排牛床,跨度 12 米左右。双列式分有对尾式和对头式 2 种。其中对尾式采用较多。双列对尾式牛舍中间为清粪道,两边各有一条喂料通道。这种形式挤奶、清扫、查看牛群发情较为方便,牛头对窗,通风和空气质量好。

(二)牛舍结构

1. 屋顶　屋顶要有一定厚度。要选用耐腐蚀和吸水性好的材料,以保证隔热保温性能好,还能避免牛舍内潮气凝聚滴水。屋檐距地面高度 3.5~4 米。过低牛舍内空间小,空气污浊且舍内阴暗;过高空间大,舍内不易保温。

屋顶上要留通气孔,通气孔应设在尿道沟正上方。这样通气时冷热空气交汇形成的水滴直接滴入尿道沟内。通气孔装有活动盖板,根据天气及舍内空气质量、温度和湿度决定开放或关闭。

2. 墙壁 材料要坚固耐用,导热性小。

3. 门 门设于牛舍两端正中或两侧面,供牛出入,门口不设门槛、台阶。成年母牛门宽 2~2.5 米,高 2.2~2.5 米。最好设置拉门。每栋牛舍至少有 2 个大门,以便奶牛出入和饲料、粪便运送。

4. 窗 朝阳的窗户设置要多于阴面,这样夏季既方便空气流通,冬季又可减少阴面窗户散热。窗口大小一般占地面面积的 8%。

5. 地面 高于舍外地面,以水泥地磨面划槽线,浅槽坡向粪沟为宜。

6. 牛床 牛床应高于中间道 3~5 厘米。牛床前走道高于牛床 5 厘米。牛床应具有防滑性好、保温、不吸水、坚固耐用、易于清洁、消毒等特点。成年母牛牛床长度一般为1.45~1.8 米。牛床宽度取决于奶牛的体型和是否在牛舍内挤奶,如在牛舍挤奶,牛床不宜太窄(奶牛肚宽为 75 厘米),否则挤奶者操作比较困难。牛床宽度以 1.2~1.3 米较为适宜。

犊牛及育成牛牛床长度和宽度分别为 120 厘米 × 60 厘米和 160 厘米 × 80 厘米。牛床坡度为 1% ~1.5%。以利于冲洗和保持干燥。但坡度不宜太大,否则易于造成奶牛子宫后垂或产后脱出。牛床长度(自饲槽后缘至排粪沟)不宜过短或过长。牛床过短,奶牛起卧受限,容易引起乳房损伤,引起乳房炎或腰肢受损等;牛床过长,粪便落入不到排粪沟,容易污染牛床和牛体。

牛床通常采用水泥地面,并在后半部划线防滑。为了防潮,水泥地面下可添加20厘米厚的三合土。

牛床应设隔栏,栏高85厘米,由弯曲的钢管制成,由前向后倾斜,前端与拴牛架连在一起,后端固定在牛床前2/3处。

7. 饲槽 设在牛床前面,以固定式水泥槽较为适用,上宽0.6~0.8米,底宽0.35~0.4米,呈弧形。槽内缘(靠牛床一侧)高0.35米,外缘(靠走道一侧)高0.6~0.8米。近年来,有些奶牛场(户)饲槽采用地面饲槽,地面饲槽比饲料通道略低一点。

8. 颈枷 拴系方式多采用直链式(图3-4)。拴牛颈枷由1条长1.3~1.5米直铁链和1条长0.5米的短铁链(或皮带)构成,长铁链的下端固定于槽前壁,上端拴在一条横栏上。短铁链(或皮带)的两端用2个铁环穿在直链上,可沿直链上下滑动。这种颈枷能使牛上下左右转动,采食、休息都比较方便。

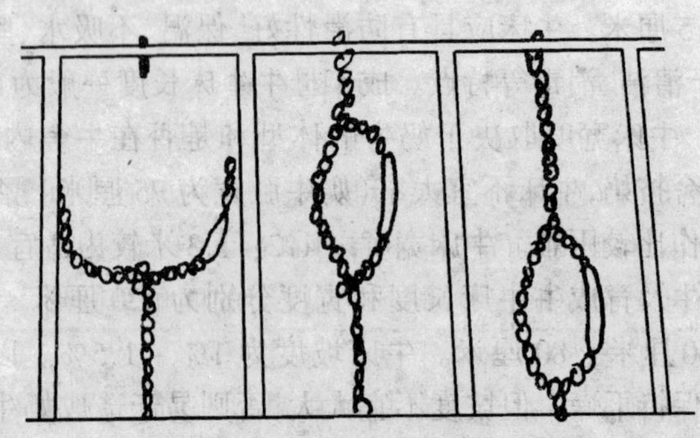

图3-4 直链式颈枷示意图

9. 粪尿沟 牛床和通道之间设粪尿沟。沟宽为28~30

厘米，深15厘米为宜。沟缘最好做成圆钝角，以防牛脚滑入粪沟造成损伤。为了使尿及污水从粪尿沟自动排至舍外粪池或沼气池内，粪尿沟应有1%～2%的倾斜度。

10. 通道 对尾式牛舍中间通道是奶牛进出的通道，也是挤奶员操作、清粪的通道。其宽度一般为1.8米左右，路面有小于1%的拱度。不可过窄，以免奶牛相互挤碰，或牛奶被牛粪等溅污。

（三）牛舍附属设施

1. 运动场 运动场应向阳面，并与牛舍相通。每头成年奶牛占地15～20平方米。运动场地面应为三合土或沙土地，平坦干燥。沙土透水透气性好，导热性小，易于保持地面干燥，有益于保持牛体干净卫生。运动场应有一定坡度，四周设围栏和排水沟。此外，运动场还应设凉棚、补饲槽和饮水池。

如农户无条件建运动场，可在牛舍附近空地设木桩，上面装一活动圆铁环，把牛拴在铁环上，让牛以木桩为中心，自由活动。

2. 青贮窖 一般建在牛场附近地势高燥处。地窖地面高出地下水位2米以上，窖壁平滑，由水泥抹面。窖形上宽下窄，稍有坡度（图3-5），窖底设排水沟（沟可开在中间或两旁）。窖的大小，依贮量而定。窖不宜过宽过大，以免开窖后青贮料暴露面过大而影响青贮质量。青贮窖的四角呈圆形。每立方米可贮青玉米500～800千克。

3. 草棚 为避免干草日晒雨淋，应建简易草棚（一个木架支撑顶盖）。其大小可根据贮草量而定，一般为宽5～6米，高6～7米，长根据需要而定。

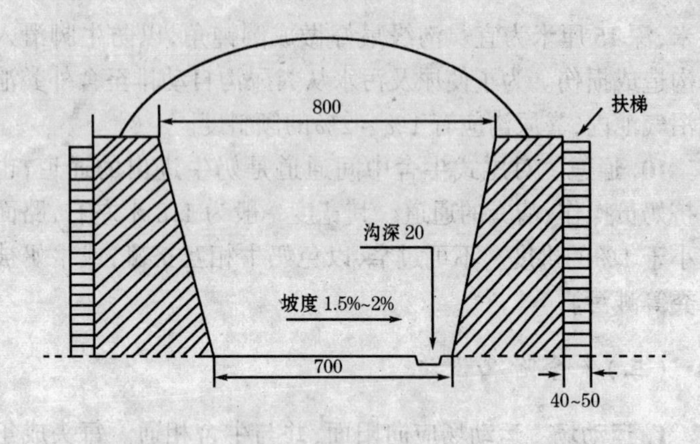

图 3-5 小型青贮窖剖面示意图 （单位:厘米）

四、散栏式牛舍建筑及附属设施

散栏式牛舍是不拴系牛舍,其中有自由牛床区、自由采食区和挤奶区,饲养、挤奶、清粪由不同工种工人承担。散栏饲养可提高劳动生产率,但不易进行个别饲养。由于牛群使用共同饲槽、饮水等设备,如消毒不严,引发传染疾病的机会增多。

散栏式牛舍可分为房舍式、棚舍式和遮阳棚式,可根据当地气候条件进行选择。一般在寒冷的东北、西北、华北地区,多选择房舍式;在气候较暖地区,可采用棚舍式;在气候干燥地区,宜采用遮阳棚式。

(一)自由休息区

自由休息区设有自由牛床,是专供奶牛休息、反刍的场所。各龄牛自由牛床尺寸见表 3-1。

表 3-1　自由牛床尺寸表　（单位:米）

牛　别	长　度	宽　度	颈枷距离
成年母牛	2.25	1.2～1.25	0.85
育成牛	2.00	1.10	0.55
犊　牛	1.6～1.8	0.7～1.0	0.45

1. 牛床(牛卧区域)　应垫麦秸或稻草,对肢蹄起到保护作用,牛也喜欢卧。

2. 牛床隔栏　为使奶牛顺卧,不横向打转,影响其他牛休息,而且不使牛粪尿排在牛床上,应设高度 0.9～1 米的隔栏。

3. 牛床颈栏　为使牛后肢站立位置靠近牛床边缘,使奶牛不致把粪尿排在牛床上。一般在距前墙约 0.5 米处设一颈栏。

4. 栅栏　为便于夏季通风,自由牛床牛舍的北墙距地面 40～180 厘米的高度,全为预制水泥栅栏。栅条宽 5 厘米,厚 1.4 厘米,栅条之间的间距为 10 厘米。

5. 窗　北墙距地面 2～3 米的高度,安装玻璃钢窗,规格为 80 厘米×100 厘米。数量宜少,夏季开,冬季关。

(二)自由采食区

1. 饲槽　由混凝土制成。其长度根据饲喂方式确定。如每天饲喂 2 次,每头牛应占槽位 0.6 米;如自由采食,每头牛应有槽位 0.15～0.3 米。为便于观察牛群,实施人工授精和疾病治疗,各龄牛应设采食颈枷(图 3-6)。其高度和宽度分别为 120 厘米和 70～80 厘米,后备牛可适当缩减。

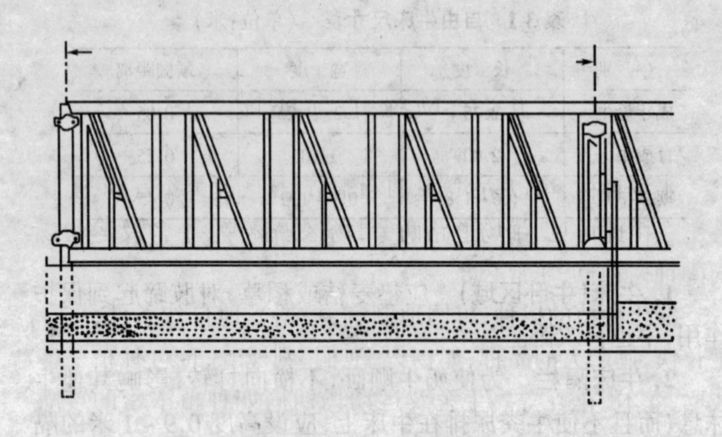

图 3-6　成年母牛自锁颈枷

2. 走道　一般为水泥地面，并有 1% ~ 2% 的倾斜度，以便于清洗，走道宽为 2 ~ 4.8 米，为便于采食，与饲槽毗连的走道应比其他走道宽。

3. 饲料道　为便于机械操作，一般宽度为 2.1 ~ 3 米。

4. 粪尿沟　见拴系式牛舍粪尿沟规格。但粪尿沟上一般应盖有栅格板。

（三）挤 奶 厅

挤奶厅是散栏式牛舍群中奶牛生产和管理中心。产奶牛舍应与挤奶厅靠近。犊牛与产房靠近。挤奶厅建筑包括候挤室、准备室、挤奶台、滞留间、牛奶处理室及牛奶贮存室等。

（四）运动场及其他附属设施

包括运动场、围栏、水槽、消毒池、粪尿污水池和贮粪场、兽医室、人工授精室、青贮窖、干草贮藏棚、精料加工室等，可参照拴系式牛舍建筑。

五、牛场绿化与环保

牛场种树,可以防风、遮阳和调节温度,改善小气候,美化环境。由此可见,牛场道路两旁,场区隔离带,牛舍及运动场周围种树种草,非常必要。

绿化种植的树种,可因地制宜,根据当地自然条件,选择生长快,遮阳大的品种,如杨树、泡桐、刺槐等,也可种植一些牧草、灌木、花卉等。牛舍及运动场四周如种植浓密的矮灌木,要注意勿阻挡牛舍通风。

六、牛群健康管理

牛群健康管理包括:环境卫生管理与监控、牛群卫生管理和牛群健康检查三项工作。

(一)环境卫生管理与监控

奶牛场生态环境的好坏,对奶牛健康与产奶至关重要。所以,必须下大力气把奶牛场(户)环境卫生管理好。

1. 讲究个人卫生 作为奶牛场(户)一员,都担负着环保任务。所以,每个人都应讲究卫生,只有个人卫生搞好了,才能有环境卫生。

(1)定期体检 饲养人员、挤奶人员是与奶牛接触最多的人员,每年要进行一次健康检查。凡患有下列病症之一者,不得从事奶牛业生产:①痢疾、伤寒杆菌病、病毒性肝炎及消化道传染病(包括病原携带者);②活动性肺结核、布鲁氏菌病;

③化脓性或渗出性皮肤病；④其他有碍食品卫生及人、牛共患的疾病。

(2)更衣消毒 饲养员、挤奶员和其他一切人员出入牛场，必须通过消毒室(池)消毒，换上工作服、工作帽和工作鞋(靴)；挤奶员工作时不得在手上套首饰、戒指，以免操作时损伤乳头及乳房。挤奶员必须经常修剪指甲，挤奶前洗净双手，每挤完 1 头牛应洗净手臂。

挤奶员手部受刀伤和其他开放性外伤，未愈前不能挤奶。

饲养、挤奶人员的工作帽、工作服、工作鞋(靴)应经常清洗、消毒；更衣室、淋浴室、休息室、厕所等公共场所必须经常清扫、清洗和消毒。

2. 环境卫生管理 奶牛的生活环境，包括自然环境(牛舍与气象条件)和生物环境(牛群及昆虫等)。各种不良环境都可能成为刺激源，给奶牛造成不利影响。所以为奶牛场(户)创造良好的卫生环境必须采取综合措施。

第一，确保牛舍内空气质量，经常通风透光，避免阴暗潮湿。有害气体氨不超过 20 毫克/米^3，硫化氢不超过 8 毫克/米^3，一氧化碳不超过 24 毫克/米^3，二氧化碳不超过 1 500 毫克/米^3。

第二，牛舍场地定时打扫，饮水池、饲槽及时清理，洗刷消毒，不堆槽。挤奶及其他工具保持清洁、定时消毒。舍内牛床勤换垫草，经常保持清洁干燥。

第三，牛舍、运动场内粪尿及其污物是奶牛场(户)最大的污染源，必须及时清除，并送贮粪场堆积，发酵沤肥，进行无害化处理。

第四，及时消灭杂草，填平水坑，定期喷洒消毒药物或设诱杀点消灭蚊、蝇。

第五,场内不允许饲养任何其他禽兽,并防止其他畜禽进入场区。

第六,建立消毒制度。牛舍及周围环境每周用2%火碱液消毒或撒生石灰1次。场内污水池、排粪坑、下水道每月用漂白粉消毒1次。

第七,在生产中,特别是在挤奶前不得粗暴地对待奶牛,以免产奶量下降。

3. 环境质量监控 环境质量监控是指对环境中某些有害因素进行调查和测量,是奶牛场(户)环境卫生管理的重要环节之一。为了了解牛场环境所受污染状况,及时发现问题和改进生态环境,奶牛场(户)应定期对场内空气、水质、土壤、饲料及产品等进行全面质量监控。

(1)空气质量要求 包括温度、湿度、通风换气量、照明度、氨气、硫化氢、二氧化碳等项目(表3-2)。

表3-2 牛场空气环境质量指标 (单位:毫克/米^3)

序号	项目	场区	牛舍
1	氨气	5	20
2	硫化氢	2	8
3	二氧化碳	750	1500
4	可吸入颗粒物(标准状态)	1	2
5	总悬浮颗粒物(标准状态)	2	4
6	恶臭(稀释倍数)	50	70

(2)饮用水质量要求

①感官性状 色度≤15度,不呈现其他异色;浑浊度≤5度,无异臭或异味,不含肉眼可见物。

②化学指标　pH 值 6.5～8.5；总硬度≤250 毫克/升；阳离子合成洗涤剂≤0.3 毫克/升。

③毒理指标　氰化物≤0.05 毫克/升，汞≤0.001 毫克/升，铅≤0.1 毫克/升。

④细菌学指标　细菌总数≤100 个/升，大肠杆菌≤3 个/升。

（二）牛群卫生管理

1. 牛体刷拭　每天刷拭，不仅可以清除牛体污垢、尘土与粪便，保持牛体清洁，促进血液循环和肠胃蠕动，而且可以防止体外寄生虫的孳生，增强牛体健康和调教温驯的性格。

刷拭时站在牛体左侧或右侧，用铁刷和毛刷先由颈部开始由前到后、由上到下，一刷紧接一刷，遍及全身。刷拭方法先用毛刷，刷去粪便，然后左手持铁刷，右手持毛刷，先用毛刷逆毛一拭，再顺毛回拂。用铁刷刮掉污垢，每刮 2～3 次后，随即敲落铁刷中积留的污垢。如有刷拭不掉的污染部位，可用水洗掉。刷下的毛应收集，刷下的灰尘不要落入饲料内。刷拭应在挤奶前半小时完成，以防污染牛奶。

2. 牛体水浴（或淋浴）　夏季应每天或定期用肥皂水洗净乳房和牛体上的粪便及污垢。既可保持牛体清洁，又可降温，对牛体健康十分有利。

3. 乳房护理　护理好乳房是提高奶牛产奶量及其质量的保证。实践证明，护理好乳房，除加强挤奶卫生、饲养管理、保持环境和牛体清洁外，还应强调以下几点。

第一，防止乳房外部受伤。冬季可戴棉乳罩，防止冻伤；夏季戴纱乳罩，抹上凡士林，避免蚊虫叮咬。

第二，病牛应立即隔离，单独饲养与挤奶，防止交叉感染。

第三，坚持挤奶后，用0.5%碘伏或3%次氯酸钠溶液药浴乳头。

第四，干奶期向乳房内注入长效抗菌药物。于停奶前3天和停奶当天注入乳房，可使产后隐性乳房炎检出率、临床型乳房炎发病率明显降低，效果显著。

第五，停奶后到临产前，必须定期对乳房进行检查，发现异常及时处理。

第六，美国“高利多”菌苗对预防由革兰氏阴性菌引起的乳房炎有明显效果。

4. 护蹄 蹄是影响奶牛生产和使用年限的重要部位。在当前农户饲养条件下，特别在南方一些潮湿和炎热地区，奶牛肢蹄发病率较高。查其原因受多种因素影响。除加强饲养管理和加强选育外，还必须采取如下保护措施。

(1)定期清理牛蹄 清除蹄叉内的污泥、粪便等。发现蹄外伤应及时消毒，夏季可用水洗，冬季应干刷。

(2)浴蹄 用3%甲醛溶液或10%硫酸铜溶液浴蹄，可使牛蹄角质和皮肤坚硬，从而达到防止趾间皮炎及变形蹄的目的。或用喷雾器将药液直接喷洒到趾间隙、系部和蹄壁，也可起到蹄浴的效果。5～7天浴蹄1次，长期坚持效果更好。在牛必经的通道上选一段长5米、宽2米的路面撒布生石灰粉，可进行干燥蹄浴。

(3)定期修蹄 防止或减少蹄变形，使蹄负重合理。使前蹄与地面呈45°～48°角，后蹄呈43°～45°角(图3-7)。长时间不修蹄易使蹄疯长变形。

据报道，由于拴系牛舍采用混凝土地面，奶牛患腐蹄病，特别是蹄匣出血率比软地面大为增加。还有报道，漏缝地面相对于泥土地面与混凝土地面，腐蹄发病率高。另外，由于牛

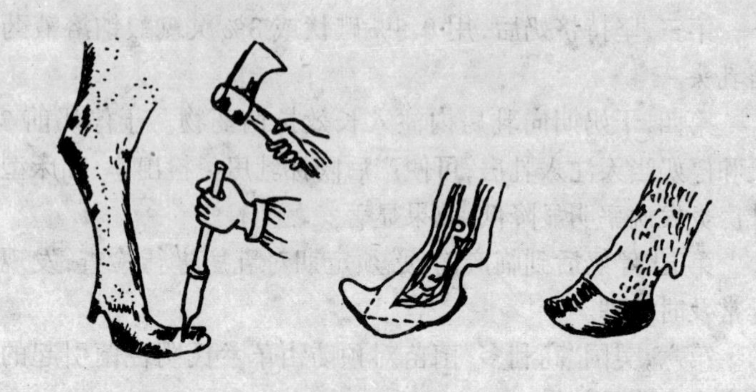

图 3-7　畸形牛蹄的修正和修正后的牛蹄

栏小，使奶牛不舒适，休息时间减少，腐蹄病发病率也高。所以，为了保护好牛蹄，有人提出，我国传统的耕牛修蹄挂掌，应在奶牛饲养中得到应用。

5. 产房卫生管理　围产期是易发多种疾病期。这一时期除做好围产期饲养管理外，还要做好产房卫生管理工作。母牛进产房前，应对产房及牛床清扫干净，消毒，铺上清洁干燥柔软的垫草。接产时准备好消毒液、产科器械、药品、红糖及益母草膏等。母牛临产前应用纱布绷带将尾巴缠上系于一侧，并用消毒药水消毒外阴部。犊牛脐带断端处用碘酊消毒，出血不止做结扎。

6. 定期检疫　检疫是保持奶牛健康不可缺少的一个环节。根据政府规定，3 月龄以上牛每年春、秋季必须对口蹄疫、结核病、布鲁氏菌病、蓝舌病、副结核病和粘膜病进行检疫。凡是 2 次检疫结核病、布鲁氏菌病呈阳性的，均应一律淘汰。

7. 严格执行免疫制度　预防接种是牛群健康管理中最主要措施之一。对口蹄疫、布鲁氏菌病、炭疽病必须按规定定期接种疫(菌)苗。

在受口蹄疫威胁地区，每年春、秋季应用同型口蹄疫弱毒疫苗各接种1次。用量：1～2岁牛1毫升，2岁以上牛2毫升。肌内或皮下注射，注射后14天产生免疫力，免疫期4～6个月。

在布鲁氏菌病发病地区，每年要定期检疫，淘汰阳性牛。对5～6月龄犊牛可注射流产布鲁氏菌19号苗、猪2号苗或羊5号苗，以增加其保护力。

为预防炭疽病，每年春季用无毒炭疽芽胞苗或第二号炭疽芽胞苗免疫接种。每次接种后，应将其接种日期、疫(菌)苗种类、生物药品批号等详细登记。

8. 定期驱虫 驱虫是奶牛保持健康的一项重要措施。每年应定期驱虫。肝片吸虫病在我国北方地区多发生在夏季，南方全年都可发病。为此，北方地区每年应于秋末冬初和冬末春初各驱虫1次，南方地区每年进行3次驱虫。驱虫用的药物：产后20天用哈罗松驱虫1次；4～6月龄犊牛可用左旋咪唑。球虫病分布广，危害大。驱虫可口服磺胺二甲嘧啶，剂量为140毫克/千克体重，1天2次，连服3天。

9. 运动 奶牛常在舍外运动，对增进食欲、提高机体抵抗力和改善繁殖功能等有重要作用。据试验，冬季每天驱赶奶牛运动3～4千米，可加快奶牛的新陈代谢，增强御寒能力；酷暑天可改为夜间运动，对提高产奶量颇为有益。但要注意防止奶牛滑跌、拥挤，以免引起跌伤、挤伤而造成流产。此外，运动场上粪便杂物等应及时清理，以保持牛体清洁，防止牛蹄受损。另据试验，如果牛舍活动场地小，奶牛习惯吃饱后就躺下，不活动，可使奶牛健康受到极大影响。

10. 病牛应及时隔离 隔离是预防奶牛传播疾病的有效措施。发现疑似传染病时，应立即隔离，并尽快确诊。对隔离的病牛要设专人饲养和护理，使用专用的饲养用具，禁止接触健康牛群。

（三）牛群健康检查

养奶牛必然会遇到奶牛生病。据北京市奶牛中心肖定汉对 8 018 头奶牛的统计，在牛群发病病例中，成年牛占 68.2%，育成牛占 0.4%，犊牛占 31.4%。即成年奶牛发病率最高，犊牛次之，育成牛发病率最低。成年奶牛主要疾病是乳房炎、蹄病和胎衣不下。犊牛主要疾病是犊牛下痢和感冒。奶牛场（户）对病牛应该早发现、早诊断、早治疗。如果农户一点兽医知识都不懂，又怎样能及时发现疾病呢？所以，奶牛场（户）一定要学会对牛群进行健康观察。在一般情况下，经常进行以下健康观察是必要的。

1. 精神状态 健康奶牛一般精神活泼，耳目灵敏，对周围环境反应敏感。病牛一般精神沉郁，头低耳耷，双目半闭，呆立不动。

2. 被毛和皮肤 健康奶牛的被毛整齐而有光泽，不易脱落，皮肤颜色正常，无肿胀、溃烂、出血等。病牛被毛和皮肤有多种变化。患疥螨和湿疹的奶牛，被毛成片脱落；如患结核、寄生虫病以及代谢性疾病，则被毛蓬乱，无光泽，容易脱落等。

3. 姿势步样 健康奶牛步态稳健，动作自如。患病牛常表现站立不稳，跛行，运步不协调等姿势。如患肢蹄病，病牛一般喜爬卧，站立时患肢负重不实，或各肢交替负重，行走时跛行。

4. 呼吸动作 健康成年奶牛呼吸次数为每分钟 10～30 次，犊牛为 30～56 次，呈平稳胸腹式呼吸。牛呈胸式呼吸时，常见于腹腔器官疾病，如急性腹膜炎、急性胃扩张或瘤胃臌胀等。牛呈腹式呼吸时,常见于急性胸膜炎或胸膜肺炎等。

5. 眼结膜 健康奶牛眼结膜呈淡粉红色。如果眼结膜苍白,多见于牛结核、巴贝斯虫病或慢性消化不良等。眼结膜潮红,多见于牛肺炎、牛胃肠炎等。眼结膜紫绀,多见于牛肺疫、牛心肌炎、肠变位和中毒性疾病。结膜发黄,多见于肝胆疾病和胃肠疾病等。

6. 鼻镜和鼻腔 健康奶牛鼻镜露水成珠,表现不干不湿。如患急性发热性疾病,鼻镜呈现干燥甚至干裂。鼻镜附有浆性、粘性或脓性物且有恶臭味,多见于牛肺疫。

7. 口色和舌苔 健康奶牛口色呈淡红色、无舌苔。老弱牛口色发淡。口色发红,见于热性疾病。如患急性传染病和肠炎等。口色青紫,为血液循环高度障碍,缺氧及血液浓缩等,常见于严重便秘、胃肠炎、急性肺炎。口色发黄,多见于血液寄生虫、肝脏病、胆结石等。口色苍白,常见于各型贫血、营养不良、寄生虫病等。

8. 食欲 健康奶牛食欲正常。如食欲时好时坏,一般多见于慢性消化器官疾病。食欲废绝,见于各种严重疾病,常为预后不良征兆。食欲亢进,见于重病恢复期及消化器官功能变化不大而体内营养消耗过多的疾病等。食欲反常,见于牛体内某些维生素、矿物质或微量元素缺乏及神经异常等。奶牛一般每天饮水 70~120 升。饮水量增多,见于牛严重腹泻、大出汗、呕吐。饮水量减少,见于中枢神经系统疾病。食欲废绝,见于严重脑病及其他严重疾病。临产前后,体温正常但食欲减退或废绝,多为产前产后瘫痪、瘤胃酸中毒、酮病及肥胖母牛综合征的前驱症状。应多加注意。

9. 反刍和嗳气 健康奶牛采食后 1 小时左右开始反刍,每次反刍持续 1 小时左右,每个食团咀嚼 40~80 次,一昼夜反刍4~8次。1~4月龄犊牛每昼夜反刍13~14次,每次持续17~30分钟。如患瘤胃积食、瘤胃臌胀、创伤性网胃炎、前胃弛缓、胃肠炎、腹膜和肝脏的疾病、传染病和生殖器官系统疾病、代谢病等,一般出现有反刍障碍。

奶牛借助嗳气,将瘤胃内发酵气体排出体外。每小时嗳气20~40次。如嗳气减弱,常见于牛前胃疾病和传染病。嗳气完全停止,多患食道梗塞。

10. 粪便 健康奶牛粪便具有一定的形状和硬度。成年母牛粪便较软,大便落地呈大盘状,育成牛粪便呈蜗牛壳状,犊牛呈条状或饼状。如排粪次数增多,粪便稀薄如水,一般称作腹泻,多见于牛肠炎、牛结核和副结核病。排粪减少,粪便干硬或表面附有粘液,多为便秘,见于运动不足、前胃疾病、胃积食、肠阻塞、肠变位等。排粪失禁,见于严重腹泻、炎症。排粪呈现痛苦、不安、弓背甚至呻吟、鸣叫,而不能大量排出粪便的,多见于创伤性网胃炎、肠炎、瘤胃积食、肠便秘、肠变位等。奶牛少尿、无尿或多尿,尿中带血、红尿,可能发生泌尿系统疾病、药物中毒等。

11. 乳房 检查奶牛的乳房特别重要。产奶牛乳房的变化容易发现,但对初孕牛、育成牛和犊牛则应仔细检查。例如,检查乳房的大小,有无肿胀,外伤,乳头及周围皮肤的颜色(苍白、黄染、紫黑、潮红)是否正常,触摸每个乳区有无发热,肿硬,乳汁有无凝块、水样、脓液或带血等变化。如有以上变化,可能乳房已发生不同程度的感染或受伤,应尽快医治。

12. 肢蹄 奶牛肢蹄不能负重,时时踏步,提腿或发抖,可能发生关节炎、受伤或蹄有病,应检查患肢的各关节有无炎症、受伤等变化。当牛卧地休息时,是检查蹄底、蹄叉有无炎症、裂缝或破损的良好时机。如需治疗应尽快医治。

综上所述,奶牛生产者平时一定要细心观察牛群健康状况,一旦发现有病应及时采取相应措施,做到防治结合,有病早治。无论什么病,都是治疗越早效果越好。否则,会贻误时机,使轻症、小病拖延成重症、大病,甚至死亡。例如,轻症的消化不良、乳房炎、胎衣不下等,如及时治疗,可以很快治愈。但如久拖不治,则有可能相应演化为胃肠炎、乳房坏死、子宫蓄脓等,招致重大损失。

七、奶牛四大疾病的预防

奶牛四大疾病一般是指不妊症、肢蹄病、乳房炎和营养代谢病。其中尤以不妊症和肢蹄病最为普遍。营养代谢在高产奶牛中最为多见。有的地区,奶牛患乳房炎的比例较多。

(一)不妊症

不妊症是指达到配种年龄或分娩后长时间不能参加配种,或经多次配种而不能受胎的奶牛。不妊症是严重影响奶牛产奶量和制约牛群增殖的疾病。它不是一种单纯的疾病,而是各种因素作用于机体的一种综合表现。所以,应采取综合措施加以预防。

第一,加强饲养管理,特别是加强干奶期、围产期和泌乳盛期的饲养管理,严防营养不足或过高。

第二,加强母牛产犊后的发情观察,根据母牛发情征候,适时进行配种,防止漏配。

第三,坚持产后30~40天进行子宫复位检查。

第四,对产后2个月不发情或不孕者查明原因,对患有子宫内膜炎、阴道炎、卵巢囊肿、持久黄体等疾病的母牛,要及早治疗。

(二)肢蹄病

肢蹄病包括蹄变形、腐蹄病、蹄糜烂、趾间赘生、蹄叶炎、关节炎、腕前粘液囊炎等。发病病因:日粮不平衡,粗饲料质量过差,饲养环境卫生不好,地面潮湿,粪便、污水不能及时清除,以及对肢蹄不加护理,不重视与公牛的选配等。所以,肢蹄病应从多方面加以预防(详见各有关章节)。

(三)乳房炎

据统计,99.5%的乳房炎是由1~4种乳区细菌感染引起的。这些细菌是通过奶头进入的。乳房炎主要损失是:①降低产奶量,严重者甚至因无乳、瞎乳头导致被淘汰;②奶的营养成分降低,乳糖、乳脂率及乳蛋白率降低,体细胞增多,氯化物增高;③乳中细菌数超标,抗生素残留在牛奶中,危害人的健康;④增加药费开支。

发病的原因,主要受饲养环境卫生、挤奶卫生和程序、干奶方法等方面的影响较大。其预防方法如下。

第一,采取正确方法挤奶,坚持挤奶前后对乳头药浴,定期检查。

第二,干奶前做隐性乳房炎检查,以便发现阳性乳区,治好后再干奶。干奶时最后一次挤奶,应向乳区注入适量干奶药物。

第三,干奶的头2周和分娩前2周,是新患乳房炎概率最高时期。停奶后1~2周,由于乳房内白细胞和免疫球蛋白数骤然减少,乳头极易受环境性病原菌的感染。第一周占干乳期乳房炎发病率36%,第二周可占24%。所以,此阶段是防治乳房炎的关键。产犊前1～14天，也容易受病原体侵入，也应加强预防，以便把乳房炎发病率减少到最下限。

第四，夏、秋季多雨潮湿，新感染的乳房炎占据了高比例，应予以高度重视。

第五，补喂维生素E和硒，可增进乳房健康。

(四)营养代谢病

营养代谢病，包括酮病、母牛妊娠毒血症、母牛卧倒不起综合征、产后血红蛋白尿(症)、牧草搐搦、运输搐搦、佝偻病、骨软症以及各种微量元素、维生素缺乏症。发病的病因受营养成分(主要是糖)不足，或干奶期母牛饲养失误，或产房管理不善，或日粮搭配不合理，矿物质、微量元素、维生素比例不平衡等，因素较多。其预防措施详见各有关章节。

第四章　备足草料与合理饲养

牛是草食家畜,没有饲草,特别是没有优质饲草,是无法养好奶牛的。我国农区缺乏优质饲草,但农作物秸秆丰富,每年可收获6亿吨。其中稻草、麦秸、玉米秸等,经过氨化处理,营养价值相当于中等牧草。为此,应采用青贮、微贮、氨化等技术,将秸秆加工后喂牛,就可解决部分饲草的不足。另外,养奶牛场(户)还应种草养畜,使饲草、饲料一年四季均衡供应。

一、在饲料与饲养方面的误区

饲料是养好奶牛的基础。没有饲料或饲料品质不好,怎么也养不好奶牛。但是,有了好草好料,搭配不合理,饲料营养不全,不平衡,也仍然养不好奶牛。根据调查,目前存在不少的误区,值得重视和改正。

(一)在饲料方面的误区

1. 日粮中饲料品种偏少　不少奶牛场(户)终年基本上喂麦秸或玉米秸秆,精料只喂麸皮和玉米,7~9月给喂少量青草,因而日粮中饲料品种搭配偏少,干物质和营养成分严重不足,使奶牛处于饥饿或半饥饿状态。奶牛体况偏于消瘦,体弱多病,这是违反奶牛福利管理的行为,不仅产奶量低,牛奶品质不达标准,有的奶牛产后长期不发情或久配不孕。这些都是因为营养不良所造成的。所以,凡属这个类型的奶牛场

(户),必须尽快解决饲料问题。否则,很难把奶牛养好,当然更谈不上获得好的经济效益了。

当前,多数奶牛场(户)奶牛日粮中缺乏优质青干草。有的地区以玉米青贮为主,由于长期饲喂偏酸性饲料,加之精料催奶,使牛群营养代谢病时有发生,奶牛的利用年限降低。所以,解决产奶牛能量负平衡,大力开发优质干草资源是亟待解决的一个问题。

2. 不贮备饲草,有啥喂啥 许多奶牛场(户)有啥喂啥,夏、秋季只喂野青草,冬季只喂秸秆及少量的干青草,这种有啥喂啥,不为全年贮备充足的饲草(包括青贮、干草和块根等)的做法是无法满足奶牛的营养需要的。所以,牛群也不会健康与稳产高产。

3. 粗饲料不加工调制 各种秸秆体积大,粗纤维多,可消化养分少。经过加工调制后,可提高其消化率,作为枯草季节的补充饲料。但有不少奶牛场(户),将玉米秸、小麦秸等不加任何处理(如物理法揉搓、切短、碾碎等)即直接饲喂。这不仅减少奶牛采食量和降低消化率,而且造成饲料大量浪费。

4. 精料粉碎过细 有不少奶牛场(户)误认为,精料磨得越细越好,实际上奶牛采食过细的精料,将会降低唾液分泌量,减少反刍,减少过瘤胃淀粉和能量的利用,还会引起瘤胃酸中毒。

5. 习惯在田边、水塘边放牧 田边、水塘边杂草上粘有虫卵,奶牛在此处放牧极易引发肝片吸虫病。奶牛场(户)不可在田边和水塘边杂草地上放牧,也不可在有病原的低洼地割草喂牛。

6. 犊牛喂变质奶 有些奶牛场(户)常将变质奶喂犊牛,这是极其错误的。犊牛饮用的牛奶一定要保证质量。凡患有结核、布鲁氏菌病和乳房炎的奶不能喂犊牛，以免犊牛得病，影响健康和生长发育。

（二）在饲养方面的误区

1. 日粮干物质进食不足 日粮中饲料品种偏少，缺乏优质青干草，干物质进食不足，这是不少奶牛场（户）普遍存在的一个问题。这不仅导致奶牛群产奶量下降，产后失重过多，而且易患繁殖障碍和代谢病等疾病。

2. 精料补充料配合不合理 有些奶牛场（户）配合的精料补充料，组成种类比较少，比例搭配不当。能量饲料一般由玉米和麸皮组成，蛋白质饲料一般由豆粕（饼）或花生粕（饼）组成，很少用多种粕（饼）搭配使用，矿物质饲料一般只用钙、磷和食盐，往往造成钙、磷比例不当或供应不足，几乎不用微量元素和维生素 A、维生素 D、维生素 E 等。对满足奶牛营养平衡、牛体健康和发挥产奶潜力十分不利，应加改进。

3. 喂精料偏多 不少奶牛场（户）由于粗饲料不足或质量过差，又不去加工调制。在这种情况下，为了使奶牛多产奶，不顾奶牛的生理消化特点，采取多喂精料的方法夺取高产。增喂精料后短期内产奶量确实提高了，但日子一长，引发出的疾病甚多，损失甚大。

第一，精料喂量过多，碳水化合物含量过高，赖氨酸含量不足，容易产生低酸度酒精阳性乳（牛奶酸度正常，但与等量70%酒精混合后出现细小颗粒状或絮状凝块，煮沸后凝块消失）。

第二，母牛长期喂精料过多，营养过剩，不仅乳脂率低，而且产奶量也不稳定。

第三，母牛产后喂精料过多，易引起消化不良或便秘，并导致厌食或不食症。

第四,奶牛喂精料过多,特别是碳水化合物饲料过多,粗纤维不足,易发生代谢病(瘤胃中毒、酮病等),并引发乳房炎和蹄叶炎。

第五,产后喂精料过多,会使乳房和消化道兴奋,减少子宫的血液供应,影响子宫复原,延缓母牛发情和配种,从而导致母牛难孕。

第六,精料喂量过多,特别是维生素不足,容易引发卵巢囊肿、瘤胃臌胀和胎衣不下等症。

第七,犊牛、育成牛喂精料过多,不利于乳房发育和泌乳细胞生长,影响终生产奶量。

由此可见,精料过多,营养是丰富了,但不符合奶牛消化生理特点,日粮营养不平衡,这不仅影响了奶牛健康,又影响了产奶数量和质量,从而使奶牛场(户)经济效益下降。所以,饲养奶牛,不仅要饲料好,还要会合理搭配。使奶牛日粮营养既全面,又平衡;在经济上也不浪费。

4. 日粮中蛋白质不足或过高 根据调查,目前奶牛场(户)日粮中饲喂蛋白质量不足或过高,也比较多见,危害很大,应尽快改正。日粮中蛋白质不足,奶牛就会动用体内贮备的蛋白质,使体内氮呈负平衡,造成贫血和生殖器官等功能紊乱,使奶牛难以发情及怀孕。与此相反,日粮中蛋白质过高,奶牛采食后体内就会产生过多的磷酸,引起维生素 A 和钙的缺乏。母牛体内酸性物质还会影响母牛发情、配种和产奶量。此外,蛋白质过量还容易引发酮病。所以,日粮中蛋白质喂量不应过少或过多,应以适量为好。

5. 不喂微量元素和维生素饲料 在日粮中添加各种微量元素及维生素,对增强牛体健康和提高产奶量有明显效果。

但不少奶牛场(户)很少这样做,因营养不良而使牛群食欲减退、生长受阻、产奶下降和繁殖障碍。为此,补喂微量元素和维生素饲料,应引起奶牛场(户)的高度重视。长期缺乏维生素A和维生素E或营养不平衡,易于引发持久黄体和卵巢囊肿,使母牛丧失生育功能。

6. 日粮中青贮饲料或青草喂量过多 不少奶牛场(户)特别是生产青贮饲料较多的地区,饲料中几乎全是青贮饲料或青草,这既不利于奶牛健康,也不利于提高牛奶质量。日粮中青贮饲料应适当控制喂量。喂青贮过多,势必造成能量不足。喂禾本科青贮饲料,硝酸盐和亚硝酸盐含量较高,还容易引起中毒、影响奶牛产奶和健康。单喂青草易于发生产后瘫痪、流产和胃变位等症。所以,日粮中应搭配一定量的干草。

7. 轻视犊牛和育成牛饲养 奶牛场(户)普遍不重视犊牛和育成牛饲养,往往把质量差的饲料给犊牛、育成牛吃。不按时称重、测量体尺,犊牛不喂开食料。这样做,生长缓慢,不能按期配种,反而会增加饲养成本,失大于得。为提早配种产犊,国外正推广犊牛加速培育技术,值得学习。

8. 新生犊牛不用奶壶哺乳 奶牛场(户)几乎都用小桶或盆为新生犊牛哺乳。但因用小桶或盆喂奶,犊牛唇舌等器官用力小,刺激强度小,食管沟反射不强烈,闭合不全,奶汁会溢于前胃。而此时瘤胃微生物区系尚未建立,溢于前胃中的奶汁会出现异常发酵,引起犊牛消化不良和腹泻。而用奶壶(带橡皮乳头)哺乳,食管沟反射强烈,闭合完全,奶汁会直接进入真胃。这既提高了奶的利用率,又避免引起犊牛消化不良和腹泻。半个月龄后随着瘤胃微生物区系的建立,即可用桶或盆哺乳。

9. 干奶期减料 奶牛经过产犊、泌乳,体营养损失多,再加上怀孕、胚胎发育对营养的需要，均需在干奶期恢复弥补。但有少数奶牛场(户)误认为干奶期不挤奶，应减喂精料。其结果产犊前奶牛体况膘情过差，不仅产犊困难，生下的犊牛体弱，而且产奶量也大幅度下降。所以，干奶期不应减料，而应该弥补足够的精料。

10. 人与犊牛同居　有的农户冬季怕犊牛受冻，常常把初生犊牛放养在居室里喂养。其结果犊牛伤风、感冒、腹泻比较多见。所以，人与牛同居，不利于犊牛健康。

11. 用水泡料或开水烫料　这增加了精料在瘤胃内发酵损失。

二、饲料资源开发与利用

优质饲草不足，混合日粮配比不合理，是我国奶牛产奶量不高的重要原因之一，而且在很大程度上影响到原料奶的质量和生产成本。所以，奶牛场(户)一定要把饲草、饲料问题解决好。实践表明，饲料是影响奶牛生产效益最重要的因素。提高奶牛场(户)效益必须开发饲料资源，特别是优质粗饲料的开发与利用，以满足各龄奶牛的营养需要。只有这样，才能使奶牛充分发挥生产潜力。没有优质粗饲料，奶牛健康和产奶性能是无法保证的。

奶牛的饲料一般分三大类：粗饲料、精饲料和补加料(图4-1)。

(一)粗饲料

粗饲料一般是指体积大、纤维成分(干物质中粗纤维≥18%)含量高、可消化养分较低的饲料。粗饲料对保持奶牛瘤

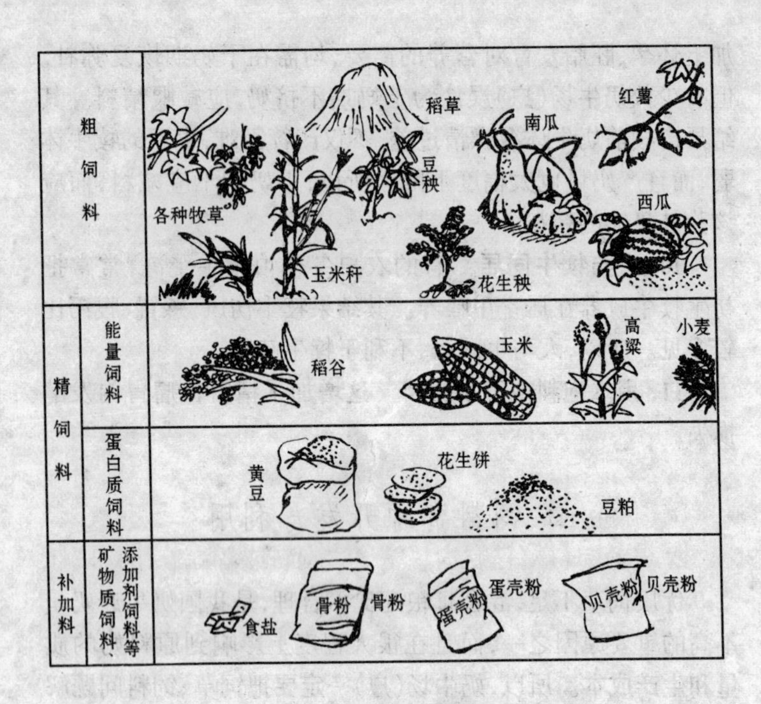

图 4-1　奶牛饲料的种类

胃健康和保证牛奶正常乳脂率起着不可替代的作用：①刺激奶牛反刍和唾液分泌，对保证瘤胃正常环境至关重要；②刺激瘤胃收缩和消化物流出瘤胃，促进瘤胃微生物有效生长；③避免喂精料过多，而引起乳脂率下降。正因为如此，所以粗饲料在日粮中必须占有一定的数量。例如，奶牛粗饲料采食量应占体重的 1.5% ~ 2%。高产奶牛泌乳初期酸性洗涤纤维(ADF)、中性洗涤纤维(NDF)分别不少于 21% 和 28%。这都说明了粗饲料在日粮中的重要作用。所以，没有粗饲料，特别是没有优质粗饲料，奶牛是不会高产高效的。

奶牛常用的粗饲料包括青饲草、青贮饲料、农作物秸秆及青干草等。

1. 青饲料 包括天然牧草和野草、种植牧草及青饲作物。青饲料分布广、数量大、成本低、营养较丰富,适口性好、消化率高,是奶牛喜爱采食的饲料。

青饲料的营养特性为含水分多(大于或等于45%),有效能值低,每千克鲜青饲料含消化能1.26~2.51兆焦。幼嫩的青饲料含有丰富的酶和有机酸,有机物消化率可达75%~85%。

利用青饲料养奶牛,要预防农药中毒。刚喷过农药的青饲料,都含一定量的农药成分,不可立即喂牛,要经过一定时间(1个月)或下过雨后,使药物残留量达标,方可饲喂。否则,极易引起中毒。

2. 青贮饲料 青贮饲料是以青饲料或青绿农作物秸秆在青绿状态时刈割,贮存在一定的容器内,经乳酸菌发酵或加入添加剂造成厌氧环境,终止青饲料中微生物的活动,使其大部分营养物质和相当数量的水分得到长期保存的一种青绿饲料。由于青贮饲料可以长期保存有效的营养成分,所以,青贮饲料可长年均衡供应,解决了因季节造成的奶牛青饲草的不足,对奶牛全年获得均衡营养具有重要意义。如长年饲喂玉米青贮饲料,每头每天喂10~15千克,可使奶牛高产稳产。

可用于青贮饲料原料的主要有全株青玉米、玉米秸、野草、青高粱、黑麦草及苜蓿等。

青贮饲料一般含水量在65%~75%,pH值4.2左右。低水分青贮饲料含水量为45%~55%,pH值4.5左右。

3. 秸秆类饲草 指农作物收获子实后的干枯茎秆。如玉米秸、稻草、小麦秸、大豆秸、蚕豆秸等。其特点是体积大,粗纤维含量高,蛋白质、维生素和钙、磷等含量低,缺乏维生素

A、维生素 D、维生素 E 及钴、硫、锌、硒、铜等，消化率及营养价值一般不高。所以，饲喂量不宜太多，应与其他优质饲草搭配，生产优质配合粗饲料，或加工调制后作为枯草季节的填充粗饲料。

4. 青干草 青干草是由野青草、种植牧草或青刈饲料作物收割后经自然或人工干燥制成低水分的宜贮饲草。优质的青干草颜色青绿，叶量丰富，质地柔软，气味芳香，适口性好。含水分低于 15%。豆科干草（如苜蓿）含蛋白质 10%～20%，可与精料相比。优质的禾本科野干草含蛋白质 7%左右，并含有较多的钙。青干草是奶牛冬、春季的重要饲草。青干草可加工成草捆、草粉等产品。如苜蓿草粉，羊草草捆等。

适宜制作青干草的饲草很多。如紫花苜蓿、红三叶、沙打旺、黑麦草、羊草、苏丹草等。其中优质苜蓿干草可代替部分精饲料。

成年母牛每头每天采食青干草，一般不少于 3 千克。如果全饲喂青干草，在粗料中增加一些轻泻性饲料（如麸皮），更利于奶牛健康。

5. 多汁饲料 奶牛常用的多汁饲料有甘薯、马铃薯、胡萝卜、甜菜、芜菁（大头菜）、南瓜、西瓜皮和糟渣饲料等。其营养特点是水分含量高，含有丰富的淀粉、糖和维生素，含纤维素少，适口性好，能刺激食欲，消化吸收好。其干物质营养成分与玉米、大麦相似，有“冲淡的谷类精料”之称。但缺乏蛋白质和矿物质。所以，用多汁饲料喂牛必须与粗饲料及蛋白质饲料配合使用，并控制饲喂数量，防止肠胃失调。各种多汁饲料最大喂量为：芜菁 10～15 千克，甘薯 10 千克，胡萝卜 10 千克，甜菜 15～20 千克，马铃薯 10～15 千克，南瓜 15～20 千克。

6. 糟渣类饲料 糟渣料中的淀粉渣、糖渣、甜菜渣和酒糟属能量饲料,豆腐渣、啤酒糟属蛋白质补充料。

(二)精 饲 料

一般指体积小、粗纤维含量低(干物质中粗纤维 < 18%),可消化养分较高的饲料。精饲料分为能量饲料和蛋白质饲料。前者干物质中粗蛋白质含量小于 20%,后者粗蛋白质含量大于或等于 20%。主要分谷实类、饼粕类和糠麸类三种。

1. 谷实类 主要有玉米、大麦、高粱、燕麦、稻谷等。其营养特点是含有丰富的碳水化合物及维生素 B_1 和维生素 E,矿物质中含磷多钙少,缺乏维生素 D,粗蛋白质含量少,且品质不完善,是典型能量饲料。在饲喂这类饲料时应注意钙的补充。

(1)玉米 俗称"饲料之王"。含淀粉 70%,粗纤维仅含 2%左右,富含脂肪,易消化,适口性好,消化率可达 90%,是奶牛的首选高能量饲料。但仅含蛋白质 8%左右,胡萝卜素和钙较低,应与糠麸类饲料配合饲喂,以弥补其不足。

(2)大麦 大麦是奶牛较好的饲料。蛋白质的含量 12% ~ 13%,略高于玉米,而且品质较好。粗纤维含量较高,约 7%。大麦质地疏松,有利于提高奶的质量。消化能略低于玉米,脂肪含量也较低。

(3)高粱 高粱含能量比玉米低,含无氮浸出物 67%,蛋白质含量约为 10%,高于玉米。总消化养分与玉米差不多。由于高粱含有单宁,有涩味,适口性差,不宜多喂,日粮中只能少量搭配。

(4)燕麦 其主要成分是淀粉。粗纤维多,总消化养分比玉米与大麦低,缺钙、胡萝卜素和维生素 D,但含磷丰富。燕麦适口性好。

(5)稻谷 其营养价值与大麦、燕麦差不多，相当于玉米的80%。富含淀粉，粗脂肪较多，饲料价值低，含胡萝卜素极少。

2. 饼粕类 饼粕类饲料是油料籽实提取油分后的产品。其用压榨法榨油后的产品通称“饼”，用溶剂提取油后的产品通称“粕”。这类饲料包括豆饼（粕）、菜籽饼（粕）、棉籽饼（粕），花生饼（粕）、芝麻饼、葵花籽饼、胡麻饼、椰子饼、玉米胚芽饼、亚麻仁粕等。这些饼（粕）类均属蛋白质补充料，粗蛋白质含量大多在27%以上。其中豆粕、花生粕、芝麻饼等粗蛋白质含量多在40%以上，含水分少于12%。但玉米胚芽饼属能量饲料。

(1)大豆饼（粕） 其营养成分因加工方法不同而有很大差异。一般含粗蛋白质42%～44%，而且质量好。含赖氨酸高达2.5%～3%，味道芳香，适口性好、营养较全面，是奶牛最优良的蛋白质饲料。其喂量可占日粮精料的25%。因其中含有抗胰蛋白酶、红细胞凝集素、皂角苷和脲酶，不宜生喂。

(2)花生饼（粕） 花生饼（粕）分带壳和脱壳两种。脱壳花生饼粗蛋白质含量40%以上，营养价值与豆饼相似，也含有抗胰蛋白酶。适口性好，略有甜味，有催乳、通便作用，但易于受潮变质，产生黄曲霉毒素，引起奶牛中毒。如与豆饼、菜籽饼（粕）配合饲喂，效果更好。

(3)棉籽饼（粕） 棉籽去油后带壳的称棉籽饼（粕），去壳的称棉仁饼，其营养价值低于豆饼。棉仁饼蛋白质含量为36%～40%，含磷多钙少，维生素E，B族维生素和微量元素含量丰富。因其含有游离棉酚毒物，奶牛喂量不可过多。按日粮精料计算，棉籽饼喂量以占5%～15%为宜，对犊牛、妊娠母牛应限量饲喂，干奶牛不可饲喂，与豆饼、菜籽饼混喂效果较好。与优质粗饲料配合，其营养价值可以互补。整粒棉籽是泌乳盛期奶牛的优质饲料，粗蛋白质含量 20%～23%，脂肪含量 19%。能值甚高。

(4)菜籽饼(粕)　菜籽饼(粕)含粗蛋白质 34%～38%，味辛辣，适口性差。内含有芥子苷，也含硫配糖体等，可使奶牛中毒，不宜大量使用。一般奶牛日粮精料中不宜超过 10%，以免繁殖力受损。犊牛和怀孕牛最好不喂。

(5)葵花籽饼(粕)　优质脱壳葵花籽饼与棉籽饼相似，含粗蛋白质 40% 以上。带壳的葵花籽饼粗蛋白质含量少(17%)，饲料价值低。

(6)亚麻籽饼(粕)　又称胡麻饼。粗蛋白质含量 34%～38%，含磷多钙少，因含有粘性物质，可吸收大量水分而膨胀。粘性物质对肠胃粘膜起保护作用，可润滑肠壁，防止便秘。

3. 糠麸类饲料　包括小麦麸、米糠、大麦麸、高粱糠、次面粉、大豆皮、玉米皮等。这类饲料含蛋白质 12%～15%，粗纤维 9%～14%，比谷类多。含淀粉少，含磷(1%)和 B 族维生素比谷实类高，含钙少。糠麸类质地疏松，体积大，适口性好，有轻泻作用，是奶牛日粮中不可缺少的饲料。米糠不可喂量过多。否则，易于引发下泻和牛的体脂变软。

4. 动物性饲料　奶牛的动物性饲料主要包括牛奶和奶粉。牛奶是犊牛不可缺少的饲料，其品质的优劣对犊牛健康和生长极为重要。所以，饲喂犊牛的初乳及常乳一定要保证质量。动物性饲料中，干物质粗蛋白质含量大于 20%，属蛋白质补充料。农业部已规定，在反刍动物饲料中，禁用肉骨粉、骨粉、血粉、动物下脚料、羽毛粉和鱼粉等。

（三）补加料

1. 矿物质补加饲料 奶牛需要十多种矿质元素，其容易缺少的矿质元素有钠、氯、钙、磷以及微量元素。如缺乏，极易引发营养代谢病，并使产奶量下降，胎儿发育不良。

(1)食盐 食盐可补充奶牛对钠和氯的需要，还有调味和增进食欲的作用，是奶牛不可缺少的补充料。一般成年奶牛每天需要食盐100克，高产奶牛可达150克。具体喂量可根据体重和产奶量计算。

(2)补钙饲料 主要有石粉。商品石粉含钙32%左右。

(3)补磷饲料 主要有磷酸氢钙（$CaHPO_4 \cdot 2H_2O$）和磷酸钠（$Na_3PO_4 \cdot 12H_2O$）。磷酸钠含磷8.2%。磷酸氢钙含磷16%～18%，含钙23.2%。

2. 添加剂饲料

(1)维生素补充料 维生素是维持奶牛正常生命活动所必须的一类有机营养物质。如日粮中缺乏任何一种维生素都可引起特定的营养性疾病。在正常饲养条件下，青干草中含有大量维生素或维生素前体，一般即能满足奶牛维生素需要。所以，日粮中应有充足的青干草。但有些奶牛场(户)在实际饲养中，饲草品质不佳或不喂青干草或牛舍阳光不足，奶牛维生素缺乏，必须注意补充，特别是注意维生素A、维生素D_3和维生素E的补充。

(2)微量元素 微量元素包括铁、铜、锌、锰、钴、硒、碘等。由于饲料来源及种类不同，微量元素差异很大。所以在日粮中，必须供应一定量的微量元素添加剂。如硫酸亚铁、硫酸铜、硫酸锰、氯化锰、硫酸锌、氧化锌、碘化钾、亚硒酸钠等。

3. 瘤胃缓冲剂 为了保持瘤胃消化功能，防止发生消化不良和瘤胃酸中毒，饲料中可添加碳酸氢钠、氢氧化钙、氧化镁等瘤胃缓冲剂。

三、奶牛饲料的加工与调制

为了改善饲草饲料的适口性与营养价值，清除饲料中有毒、有害因子，并有利于饲草、饲料的长期保存，一年四季均衡供应，奶牛场(户)通常采取多种手段，对饲草、饲料进行加工调制。

(一)粗饲料的加工调制

1. 青贮 青贮在奶牛典型日粮中占有相当大的比重，一般可占日粮中总营养的1/3。由于青贮可长期保存青饲料的营养特性，使长年供应青饲料成为现实。

青贮饲料是奶牛的基本饲料，在稳产、增产上起重要作用，应长年坚持饲喂。

(1)青贮方法与步骤

①原料的收割 首先应将青贮原料在适当时间收割，带穗青贮玉米一般在乳熟后期至蜡熟前期收割，黄贮玉米秸在晚熟期提前15天摘穗后收割，豆科牧草在花蕾期收割，禾本科牧草在抽穗期收割。此时期原料营养成分高，含水量适宜，适于制作优质青贮草。

②青贮原料的预处理 青贮原料含糖量不少于鲜重的1%～1.5%。禾本科牧草含糖量较多，青贮容易成功；豆科牧草一般含糖量低，青贮不易成功，应与禾本科牧草混贮。青贮原料含水量应为65%～75%。这种条件最适合乳酸菌活动。水分过低，影响微生物的活性，也难压实，造成好气性菌大量

繁殖，使饲料发霉腐烂。水分过高，糖浓度低，利于杂菌的活动，青贮品质差；同时，造成植物细胞液汁流失，养分损失较大。所以，对水分过多的饲料，应稍晾干或添加干饲料混合青贮。

③*青贮方法*　原料收割后，即应尽快运至青贮窖现场进行青贮。

切碎　一般细茎柔软植物切碎长度5～8厘米，粗茎或坚硬的细茎植物切短至2～4厘米，苜蓿切至0.7～1厘米。

装窖　装窖前底部铺10～15厘米厚的秸秆，以便吸收液汁。窖四壁铺塑料薄膜，以防漏水透气，装时要踏实。可用推土机碾压，人力夯实，一直装到高出窖口60厘米左右，呈拱形，即可封顶。

封顶　封顶时先铺一层切短的秸秆，再加一层塑料薄膜，然后覆土30～50厘米压实。或用废轮胎压住塑料薄膜，将窖顶压实，使之呈房顶状。四周距窖1米处挖排水沟，防止雨水流入。

封顶后在多雨地区宜在窖上搭棚防雨，并注意预防鼠害。如发现窖顶裂缝，应及时覆土压实，防止漏气与进水。

开窖　一般禾本科草经40～60天、豆科草经90天的发酵，即可开窖取用。优质青贮含有较多乳酸与少量醋酸，不含酪酸，颜色青绿或黄绿色，有光泽，湿润，紧密，茎、叶、花保持原状，容易分离，有芳香性的酒香味，有的略有酸味。

取用方法　饲喂时要随用随取，先从窖顶的上部开始，逐层取用。勿混入泥土等杂物。取后用塑料薄膜将口盖好密封，防止氧化变质。每次取出的青贮草应当天喂完。

据报道，有不少地区试验，重点推广玉米青贮。8月上旬玉米收割后，部分田块还可复种一茬小秋菜。奶牛长年饲喂青贮玉米,鲜奶日产增加,质量也有所提高,而且有助于预防疾病。每头奶牛年均增收效益十分显著。

(2)半干青贮 半干青贮,也称低水分青贮。此类青贮不受原料糖分限制,也不受发酵乳酸多少、pH 值高低的限制。其方法是把收割原料通过预干蒸发,使含水量降至 50%左右,再切碎贮于密闭窖内。其原理是造成对微生物的生理干燥和厌氧环境。

半干青贮的优点可提高干物质含量,增进营养价值,采食量大,兼有干草和青贮的长处,味道芳香,酸味不浓。其缺点是需要密封窖,成本高。其制作关键技术是切得更细,压得更实,封埋更严密,收割更要及时。豆科牧草收割,不迟于现蕾期;禾本科牧草收割,不迟于抽穗期。

(3)混合青贮 指两种或两种以上青贮原料混合在一起制作的青贮。通常有以下几类:①禾本科与豆科牧草混合青贮;②难贮原料(如紫云英)与稻草、麸皮按不同比例混贮;③高水分原料与干饲料混贮,如芜菁与稻草、玉米秸混贮;④糟渣饲料与干饲料混贮,如甜菜渣、豆腐渣等与糠麸、草粉混贮。

(4)添加剂青贮 常用的青贮添加剂为尿素。每吨青贮草加 5 千克尿素,可使青贮草中总粗蛋白质含量由 4.5%增加到 12.5%。

(5)湿玉米粒青贮 指把湿玉米粒(含水 36%)碾碎进行青贮。先用 0.2 毫米的塑料薄膜覆盖,再加 20 厘米厚的土层。此法青贮保存的营养多,饲养效果好,加工成本低,经济效益高。

2. 秸秆加工 农作物成熟过程中,植株体内的养分主要集中在种子或果实中。所以,秸秆中可消化营养成分很少,大部分为不可消化或难于消化的成分。为了提高秸秆的适口性和消化利用率，秸秆常用以下几种加工方法。

(1)物理方法 即通过铡短、粉碎、揉搓、浸泡等方法，以改变秸秆的物理性状，提高奶牛对秸秆的利用率和采食量。据试验，用物理方法对玉米秸秆和玉米穗轴(俗称玉米芯)很有效。与不加工的玉米秸秆相比，铡短(1.5～3 厘米)、粉碎后的玉米秸可提高采食量 25%，提高饲料效率 35%。又如，用“盐化玉米秸”即秸秆加少许盐水浸泡，也取得良好饲养效果。北京南郊农场将粉碎的秸秆浸泡在 1% 的生石灰溶液中，经 6～10 小时取出冲洗后可直接喂牛。大连市通过饲养对比，利用玉米秸秆代替东北羊草喂牛，可使成年母牛每千克饲养成本降低0.08～0.1 元。将秸秆揉搓成丝条状，其适口性与利用率可大大增加，是较为理想的加工方法。

(2)氨化处理 氨化处理基本方法是在每 100 千克秸秆中加入 12 升 20%～25% 的氨水，拌匀后在池子里密封(夏天经 1～2 天、冬天经 15 天即可)。喂前打开薄摊在阴凉通风处晾 10～24 小时，待没有刺激鼻、眼的气味后再喂。但不要暴晒和晾得过干，以免影响氨化效果。这种处理方法，不仅可使麦秸粗蛋白质含量从 4% 增加到 12%，而且提高了纤维素的降解率和消化率。喂氨化草应与豆饼、棉籽饼等搭配。同时，不应立即饮水，以防中毒。

常用的氨化秸秆方式有以下几种。

①*地面堆垛法* 垛上蒙盖塑料薄膜，按秸秆重量的 3% 左右通入氨气。经 2～8 周，取出氨化好的秸秆放置在通风处晾 10～24 小时，让余氨挥发掉以后，即可喂奶牛。

②*窖氨化法* 窖四周铺塑料薄膜，装填秸秆后均匀撒布或通入氨，密闭一段时间。

③塑料袋或桶装氨化法　袋或桶的大小,可根据牛群规模决定,但袋或桶必须结实不漏气。

(3)秸秆微贮　秸秆微贮即在秸秆中添加微生物活性菌种,贮入容器(水泥池、缸、塑料袋等)中经一定时间发酵而形成带有酸、香、酒味的微贮饲料。利用添加微生物发酵可降解秸秆中的部分纤维素、木质素,产生乳酸等,既可提高秸秆消化率,又可抑制有害菌的繁殖,使秸秆能长时间保存。据测定,4千克微贮秸秆,相当于1千克玉米的营养价值。饲喂微贮饲料一般可提高采食量20%~40%。

实践证明,不少农户经重点推广秸秆氨化和微贮。由于大量秸秆过腹还田,增加了有机肥料。这不仅改造了土壤结构,提高了粮食产量,同时农户节省了购买化肥资金,有效促进农牧业生产的良性循环。值得推广。

3. 青干草加工与调制　适合调制青干草的饲草很多。如苜蓿、红三叶、沙打旺、草木犀、黑麦草、羊草、苏丹草和野草等,均可调制优质青干草。

调制优质青干草,应尽可能减少青草中的营养成分损失。调制中必须注意以下几点。

(1)适时收割　牧草、野草和青刈作物的产量和品质随生长发育而不断变化。一般禾本科牧草以抽穗初花期、豆科牧草以现蕾至初花期收割,利用价值最高,而野草在始花期到盛花期收割利用价值最高。

(2)尽快干燥　牧草收割后,常用的干燥方法为摊晒法,即晴天将收割的青草摊成薄层,曝晒在高燥的地方干燥。在多雨的地区,多采用草架法干燥。在晒制过程中要经常翻动,尽快使青草含水率下降到40%以下。然后堆成高1米、直径约1.5米的小堆(约50千克)。当青干草含水量降至20%左右时，应及时堆成大垛，继续干燥。这既可减少养分破坏，又可因发酵作用，使干草产生香味。

(3)防雨防露 在晒制过程中应注意天气变化，积极做好防雨准备。在傍晚应将摊晒的饲草搂成小垄，以减少露水引起的返潮。

(4)减少叶片脱落 叶片中营养含量高，又易脱落。在晒制过程中，如牧草收割后将茎秆压扁则有利于茎叶同步干燥，减少叶片脱落。另一种方法，如避开中午烈日时翻草，也可减少叶片脱落。当干草的水分降到15%～18%时，即可堆藏。

(5)产品检查 一般根据下列标准进行定级。

①优等干草 颜色青绿，芳香味浓郁，表明在晒制过程中未淋过雨，堆藏中未发霉。干草中叶片保存率在75%以上。

②中等干草 颜色灰绿，枯草味，表明贮藏堆放过程中未霉变。叶片已脱落50%～75%。

③差等干草 颜色黄褐色，无干草芳香味。表明晒制过程中淋过雨或贮藏过程中发过霉，养分严重损失。

④劣等干草 颜色发白、发黑，有刺鼻霉味，表明堆藏前水分含量高或有雨水等渗入。干草霉变腐烂，叶片营养物质仅相当原株的20%以下。这类干草不宜作为奶牛的饲料。

(6)青干草堆放 当青干草的含水量下降至15%以下时，即应堆成大垛，放置通风处，继续风干。为了保持青干草的品质，应放置干草棚中存放。如在舍外堆垛，则应选择地势平坦高燥、排水良好、背风的地方。垛顶应堆成屋脊形，以免积水。不论棚内或舍外堆放，干草含水量均应在15%以下，以免堆放中发霉变质。

试验表明，干草打成草捆放在碎石上，草捆间保持一定空隙，是一种较好的贮存方法。

随着我国种植业结构的调整，一些农区已把草业摆到了极为重要的地位。有的地区已开始建立苜蓿干草加工厂，开展订单生产。所以，种草养奶牛，发展干草加工业有广阔前景。

实践表明，奶牛场(户)，要想达到年产8 000千克以上鲜奶的高产水平，必须饲喂苜蓿等优质青干草和全株青贮玉米。

4. 多汁饲料贮藏与加工 多汁饲料应堆放在棚内，堆宽不宜超过2米，堆高不宜超过1米。放置时间不宜过长，防止发芽和霉变。对一些易于保存的如芜菁，露天存放也不易腐败，从初冬到翌年早春可一直供应奶牛。但甘薯和甜菜，易于感染黑斑病，马铃薯易于发芽产生毒素，所以，应采取综合措施加以贮藏(表4-1)。甘薯入藏时，表皮应完好无损，有擦伤外皮的、过小、成熟度差与病疤虫咬的，剔出直接饲喂，受过水涝或霜冻的不宜入窖。胡萝卜、甜菜等贮放前应削去根头，入窖前稍经风干等。如窖藏，应配通气装置与调温设施。在应用旧窖时，应将四壁及窖底刮去一层土，并用硫黄熏蒸消毒后再用。甘薯等入窖后，应定期检查翻堆。

表4-1 常用块根、块茎、瓜类饲料贮藏条件

饲料名称	温 度(℃)	相对湿度(%)	贮藏条件
甘 薯	10~13	85~95	入窖第一个月与翌年春暖后，注意通风换气
马铃薯	3~5	90	通风良好，保持黑暗
胡萝卜	1~2	85	通风良好，每月翻堆1次
甜 菜	0~4	70~80	通风良好，每月翻堆1次
南 瓜	5~10	干燥	空气新鲜

地窖应干燥密封，温度控制根据贮藏品种而定。入窖时应把好三关：即入窖散热关、越冬保温关和立春回暖关。

块根、块茎类饲料在饲喂前应加工成小块或薄片，以防发生食管梗塞。

糟渣类饲料不易保藏，最好鲜喂。如要长期保藏，可采用青贮方法。

（二）精饲料的加工调制

精料加工调制方法有以下几种。

1. 粉碎或压扁　粉碎是用于子实类饲料的一种加工方法。粉碎的饲料，便于奶牛采食和提高饲料的消化率。但是，试验表明，粉碎也不可过细。例如玉米，以整粒压扁为好，粉碎的颗粒以 2.5～3.2 毫米为宜。粉碎太细不利于消化吸收，还降低适口性。但是，棉籽以整粒饲喂为好。因破壳的棉籽易使脂肪氧化，饲喂价值反而降低。棉籽表面有层短毛纤维覆盖，中层为黑色的棉壳，内心为棉仁。棉籽被牛采食后，表层的棉纤维素在瘤胃内即被消化，子实中脂肪和蛋白质等送至真胃后再被消化，相当于天然的过瘤胃脂肪和蛋白质，饲料能量和蛋白质营养都能很好吸收。

2. 水浸与蒸煮　水浸（湿拌料）的饲料经软化后便于奶牛吞咽，增加适口性。加水量为精料重量 30%。

蒸煮的饲料便于奶牛咀嚼和提高消化率。蒸煮是适用于难以消化的子实饲料的一种加工方法，夏天可以制成凉粥料，冬天可以制成温热粥料。蒸煮块根类饲料时，对薯类就要蒸熟，而对胡萝卜只可蒸至半熟，以防止所含维生素被高温破坏。

3. 发酵与发芽　饲料的发酵，是一种以酵母和乳酸菌活动为主的糖化过程。在粉碎的子实饲料中加入 2～2.5 倍的热水，保持在 55℃～60℃条件下，经 4 个小时发酵后饲喂。

发芽饲料多用麦类子实。即将大麦或燕麦在温度(18℃～25℃)、湿度(90%以上)适宜的条件下，使芽胚开始萌发，一般经6～8天即可利用。短芽(0.5～1厘米)含有丰富的维生素E，长芽(6～8厘米)含胡萝卜素丰富，可作为维生素A、维生素E的补充饲料。发芽的种子含有较多的营养物质，特别是蛋白质含量较多，能刺激奶牛泌乳，提高牛奶的含脂率和促进增重，还能促进公牛的性欲和提高精液品质。

4. 烘烤　养牛业上采用烘烤法加工谷粒饲料已有数十年历史。多年的试验证明，谷物在烘烤后喂牛可节省饲料。

烘烤一般要求有专门的机器，温度为135℃～145℃，烤好的玉米一般具有果香味，单位重量减少水分5%～9%。牛比较喜好这种饲料，饲料报酬比较高。此外，高水分的，尤其是有发霉趋势的玉米用此法加工，比较有实用价值。

5. 蒸汽压片　试验表明，蒸汽压片的玉米或高粱与干法破裂，碾轧、磨细或整粒饲喂相比，消化率可提高5%～19%，奶牛的产奶量、奶的乳脂率及乳蛋白率，均有所提高。但小麦、大麦表现的生产效应不如高粱和玉米明显。

饲料在加工、保管过程中，不能将铁钉、铁丝、尖锐杂物堆放在料库附近。不带缝针等金属性异物接近牛群和喂牛，见到尖锐异物随时捡拾清除。料在加工过程中，采取磁铁吸取异物，吸取后再喂牛。

(三)补加料的加工调制

1. 预混料　维生素预混料、微量元素预混料及维生素与微量元素预混料。一般配成1%添加量(占混合精料的比例)。它是半成品，不能直接用作日粮。

2. 浓缩料　浓缩料是一种营养浓度很高的饲料产品，蛋白质含量一般在30%～75%，矿物质尤其是微量元素和维生素含量也高于饲养标准规定的需要量。所以，浓缩料是半成品，不能直接喂牛。浓缩料与适当比例的能量饲料如玉米、麸皮等混合，即成为全价配合饲料。

有些地区，由于重点推广了浓缩饲料，在增强奶牛抗病力、提高产奶量与繁殖率等方面，效果十分显著。

四、奶牛消化特点和营养需要

（一）消化器官与消化特点

1. 消化器官 牛的消化器官主要由口腔、食管、胃（瘤胃、网胃、瓣胃和真胃）、小肠、大肠、肛门和一些消化腺及器官组成。

奶牛的消化器官的容积比役用牛和肉用牛的大得很多。一般成年奶牛胃的总容量最大可达250升，而肉用牛或役用牛胃的总容量仅为100升左右。

(1)口腔与食管

①**口腔** 唇、齿和舌是主要的摄食器官。牛无上切齿，其功能被坚韧的齿板代替，为下切齿提供了相对的压力面。牛唇不灵活（牦牛例外）。主要采食器官是舌。牛的舌长，坚强、灵活，舌面粗糙，适宜卷食草料。牛舌尖端有大量坚硬的角质化乳头。唾液腺位于口腔内，有5个成对的腺体和3个单一的腺体。成对腺体有腮腺、颌下腺、臼齿腺、舌下腺、颊腺；单一的腺体有腭腺、咽腺、唇腺。唾液腺分泌的唾液即为上述各腺体分泌的混合液体。唾液对湿润饲料、杀菌和保护口腔及抗泡沫等，都具有重要作用。唾液分泌量取决于反刍时间，而

反刍时间又取决于饲料组成。喂粗料反刍时间长,喂精料反刍时间短。此外,牛还有鼻唇腺,其水样分泌物可保持鼻镜部的湿润。许多疾病可使鼻唇腺停止分泌。因此,常把其干燥发热作为诊断疾病的依据之一。

②食管　系自咽通至瘤胃的管管。犊牛有食管沟,起始于贲门,向下延伸至网、瓣胃间孔。成年牛食管约1.1米长。草料与唾液在口内混合后通过食管进入瘤胃,瘤胃内容物定期地经过食管反刍回到口腔,经细嚼后再行咽下。

(2)胃　牛胃由瘤胃、网胃、瓣胃和皱胃4个胃组成。前3个胃又叫前胃,均没有消化腺。第四胃有胃腺,能分泌消化液,又称真胃。

①瘤胃　瘤胃容积占整个胃容积80%。瘤胃虽不能分泌消化液,但瘤胃内含有大量的微生物(每克内容物约有100亿个细菌和50万～100万个纤毛虫),好似一个供厌气性微生物繁殖的连续接种的活体"发酵罐"。在瘤胃微生物作用下,饲料中70%～80%的干物质和50%粗纤维在瘤胃消化,产生挥发性脂肪酸(乙酸、丙酸、丁酸等),提供奶牛所需能量的60%～80%。瘤胃微生物蛋白提供奶牛必需氨基酸的70%左右。合成B族维生素,基本满足奶牛的需要。

②网胃　网胃位于瘤胃前方,紧贴膈后,功能同瘤胃。还能帮助食团逆呃和排出胃内发酵的气体(嗳气)。网胃粘膜上有许多网状小格,形如蜂巢,故也称蜂巢胃。其上布满角质化乳头,可利用胃壁和粘膜皱褶的运动,将食物磨揉成食糜并送入瓣胃。

③瓣胃　瓣胃粘膜形成许多大小相同的片状物(肌叶),从断面看很像一叠"百叶",故又称牛百叶。肌叶可将食糜进一步研磨,然后将稀软部分送入真胃,吸收有机酸和水分,使

进入真胃的食糜易于消化。

④皱胃　它是真正具有消化功能的胃,故称真胃。胃液中含有盐酸和消化液,酶的作用能使营养物质分解消化。

奶牛4个胃的相对容积和功能随年龄而发生变化。初生犊牛前两胃很小,瘤胃粘膜乳头短小而软,其消化功能与单胃动物相似,主要靠真胃和小肠。当犊牛开始采食植物性饲料后,瘤胃和网胃很快发育,容积显著增加,真胃容积相对逐渐缩小。到3月龄,前3个胃的容积占总容积的70%,粘膜乳头变长变硬,微生物区系形成,已具有消化饲料的功能。

(3)肠道　奶牛肠道随着年龄增长和食物类型的改变逐渐发育成熟。新生犊牛肠道占整个消化道长度的70%~80%,而成年牛仅占20%~30%。随着日龄的增长和日粮改变,小肠所占比例逐渐下降,大肠基本保持不变。牛肠道很发达,尤其小肠特别发达。据测定,成年牛小肠的长度为40米,盲肠0.75米,大结肠10~11米。其全长为体长的27倍。由于牛具有复胃和较长的肠道,所以食物在消化道内存留的时间较长,一般需7~8天,甚至更长的时间,方可将饲料残余物排尽。所以,牛的消化率较高。

2. 消化特点

(1)采食和反刍　奶牛采食比较粗快,饲料不经细嚼即咽下。休息时再吐出来,细嚼后咽下,这个过程称之为反刍。反刍是一复杂的生理性反射,由逆呕、重咀嚼、混合唾液和吞咽4个过程组成。据测定,奶牛一昼夜反刍15次左右,一般饲喂后30~60分钟开始反刍,每次持续20~35分钟,每个食团咀嚼50~70次。反刍的时间多集中在晚上,天黑后是反刍高峰。

(2)唾液分泌　唾液功能是浸泡饲料,中和瘤胃内产生的有机酸,使胃内保持一定的 pH 值。唾液分泌量,犊牛为 24～37 升/天,成年牛为 150 升/天。唾液中氮的含量为0.17%～0.2%,其中 60%～80%是尿素氮。

(3)嗳气 食物在瘤胃内发酵产生大量二氧化碳、甲烷等气体。这些气体通过嗳气不断排出体外,预防瘤胃臌胀。平均每小时嗳气 4 次。牛饲喂后 0.5～2 小时是产气的高峰期。产气量与饲料类型有关。采食豆科牧草,每分钟产气高达 12～27 升,每分钟嗳气量为 3～17 升,每次嗳气时排出气体为 0.5～1.7 升。如采食富含淀粉的根茎类饲料(甘薯等),瘤胃发酵作用急剧上升。所产气体来不及嗳出便会出现瘤胃臌胀。如不及时放气或投药止酵,将造成牛窒息死亡。

(4)瘤胃及其微生物具有独特消化特点

第一,可利用饲料中纤维素的 55%～95%作为能量的来源。即通过瘤胃微生物的发酵,使粗纤维变成挥发性脂肪酸(VFA)、二氧化碳和甲烷等产物。据试验,瘤胃一昼夜所产生的挥发性脂肪酸可提供 2.5～5 兆焦热能,占牛机体所需维持能量的 60%～80%。

第二,瘤胃微生物可利用非蛋白氮(NPN)或氨合成菌体蛋白,成为优质蛋白质饲料资源之一,每昼夜可合成 1 千克左右。

第三,瘤胃微生物可合成 B 族维生素。所合成的 B 族维生素,基本能满足奶牛的需要,奶牛一般不会出现 B 族维生素缺乏。

(二)营养需要

奶牛在维持生命、生长、繁殖和生产牛奶的过程中,必须从饲料中摄取足够的营养。根据近年来的研究表明,奶牛的营养需要，应重视干物质进食量和能量、蛋白质、矿物质、维生素和水，此外，对中性洗涤纤维也不可忽视。

1. 干物质　干物质采食量一般用占体重的百分比表示。干物质采食量受体重、产奶量、泌乳期、环境和饲料质量等因素的影响。

中华人民共和国农业行业标准奶牛饲养标准（NY/T—2002）提出产奶牛干物质采食量（DMI）计算公式如下：

$$\text{DMI(千克)} = 0.062W^{0.75} + 0.40Y$$

此公式适于偏精料型日粮，精、粗比为60:40。

$$\text{DMI(千克)} = 0.062W^{0.75} + 0.45Y$$

此公式适于偏粗料型日粮，精、粗比为45:55。

式中：W——为奶牛体重（千克）；

Y——为标准乳产量（千克）。

式中体重0.75的算法，使用带函数运算的计算器。以计算$600^{0.75}$为例，其操作是：按下数字600，按 $\boxed{y^x}$ 键，再按数字0.75，最后按 $\boxed{=}$ 号即得。

因个体牛产奶的乳脂率不尽相同，为便于比较，国际上以4%乳脂率为标准乳。不同乳脂率的牛奶换算成4%标准乳的计算公式如下：

$$4\%\text{标准乳} = \text{产奶量} \times (0.4 + 0.15 \times \text{乳脂率})$$

例如，某奶牛年产奶量为6 500千克，乳脂率3.3%，则其标准乳为：6 500 × (0.4 + 0.15 × 3.3) = 58 17.5千克。

根据美国NRC（国家研究委员会）1988年建议，奶牛干物质采食量见表4-2。

表 4-2 奶牛干物质采食量 （占体重%）

产奶量	奶牛体重(千克)				
	400	500	600	700	800
10	2.7	2.4	2.2	2.0	1.9
15	3.2	2.8	2.6	2.3	2.2
20	3.6	3.2	2.9	2.6	2.4
25	4.0	3.5	3.2	2.9	2.7
30	4.4	3.9	3.5	3.2	2.9
35	5.0	4.2	3.7	3.4	3.1
40	5.5	4.6	4.0	3.6	3.3
45	—	5.0	4.3	3.8	3.5
50	—	5.4	4.7	4.1	3.7
55	—	—	5.0	4.4	4.0
60	—	—	5.4	4.8	4.3

2. 能量 能量是多种营养成分、营养效应的综合反映。它对奶牛的维持、产奶、妊娠、生长、增重十分重要。没有适量能量,其他营养物质的利用将会减弱。产奶牛能量不足,将使产奶量和非脂固体物质含量下降,体重下降。严重不足或长期不足,会使奶牛不发情,不受孕,繁殖率下降。后备牛能量不足,将会使其生长缓慢、消瘦。但能量过多,则会引起体胖,易发多种代谢病。

能量的表示单位,各国不尽相同。有产奶净能(NEL)、代谢能(ME)等。我国是以每生产 1 千克含脂率 4%的牛奶需要 3 138 千焦(KJ)产奶净能,作为一个“奶牛能量单位”,缩写成 NND。即每产 1 千克乳脂率 4%的标准乳需要 1 个 NND。

采用 NND 计算奶牛能量需要，可直接与产奶量联系，能量需要随产奶量增加而增加。

例如，某牛体重 600 千克，维持需要 13.77 NND，如日产奶 20 千克，泌乳需要 20 NND，则其日总需要为 33.73 NND (13.73 + 20)。如日产奶 30 千克，则日总需要量为 43.73 (13.73 + 30) NND。

碳水化合物是能量的主要来源，是奶牛必须的营养物质之一。除水分外，碳水化合物占全部营养成分的 70% ~ 80%。据研究，碳水化合物中的中性洗涤纤维对奶牛具有重要的营养作用和生理功能。它不仅是能量和脂肪成分的来源，而且可以促进反刍，使瘤胃内环境处于良好状态，保持奶牛健康状况，同时还可支配干物质采食量、产奶量和牛奶成分。日本试验表明，日粮中性洗涤纤维含量为 35% 时，干物质采食量和产奶量为最佳，同时泌乳高峰出现早，持续时间长；中性洗涤纤维含量 30% 时，则其产奶量较低，泌乳高峰持续时间短，乳脂率下降；含量为 40% 时，则产奶量低，但乳脂率高。美国 NRC 奶牛饲养标准规定中性洗涤纤维的下限值为 25% ~ 28%，日本规定的下限值为 30%。

为便于应用，现将常用几种饲料的中性洗涤纤维含量列于表 4-3。

表 4-3　常用饲料干物质中的中性洗涤纤维含量　（%）

饲料名称	干物质（DM）	酸性洗涤纤维（ADF）	中性洗涤纤维（NDF）
玉米秸	91.85	37.4 ~ 51.1	60.4 ~ 71.9
氨化玉米秸	91.15	63.92	84.82
稻　草	92.08	40.2 ~ 53.0	61.9 ~ 74.4

续表 4-3

饲料名称	干物质（DM）	酸性洗涤纤维（ADF）	中性洗涤纤维（NDF）
氨化稻草	93.52	49.09	83.19
小麦秸	92.33	53.0～56.2	67.7～73.0
氨化麦秸	88.96	54.62	78.37
羊　草	92.96	42.64	70.74
青贮玉米	15.73	40.98	67.24
青贮高粱	32.78	42.88	73.13
青贮大麦	93.99	53.05	77.79
野青草	22.2	7.8	10.6
夏青草	13.85	—	47.73
野干草	91.6	40.0	62.7
啤酒糟(干)	93.66	25.77	77.69
白酒糟(干)	94.50	50.64	73.48
玉米淀粉渣	93.47	28.02	81.96
苜蓿干草	93.80	37.0	50.0
麸　皮	87.0	13.0	42.1

3. 蛋白质　蛋白质是构成奶牛机体的主要成分。蛋白质在奶牛营养上非常重要,而且不能用其他营养代替。产奶牛饲料中粗蛋白质的适量为12%～18%。粗蛋白质不足,奶牛健康受影响,牛奶的产量和蛋白质含量明显下降。

奶牛小肠的蛋白质包括非降解蛋白及瘤胃合成的微生物蛋白。按蛋白质在瘤胃内的溶解性分有溶解性蛋白质(SP)、降解蛋白质(RDP)、非降解蛋白质(RUP)。

饲料中 56% ~ 70% 的粗蛋白质要在瘤胃降解，即被瘤胃微生物利用，称降解蛋白质；剩余的 30% ~ 40% 粗蛋白质不在瘤胃降解，称非降解蛋白质，也称过瘤蛋白。这两种蛋白质进入真胃和小肠，被分解成肽、氨基酸而被吸收利用。

为了提高奶牛生产性能和健康状况，根据近年来研究和实践表明，饲料中最合适的蛋白质比例为：可溶性蛋白质和降解性蛋白质为粗蛋白质的 60% ~ 65%（其中可溶性蛋白质和降解性蛋白质各占 50% 左右），非降解蛋白质为粗蛋白质的 35% ~ 40%。

非降解蛋白质对高产牛更为重要，不仅粗蛋白质要求高，非降解蛋白质也应相应增加（表 4-4）。

表 4-4 不同泌乳水平母牛对蛋白质的需要 （千克/天）

产奶量	粗蛋白质的需要量	菌体蛋白质的最大量	非降解蛋白质需要量
10	1.4	1.6	0
15	1.8	1.6	0.2
20	2.2	1.7	0.5
25	2.6	1.8	0.8
30	3.0	1.9	1.1
35	3.5	2.2	1.3
40	3.9	2.4	1.5

为便于应用，现将常用饲料中非降解蛋白质含量列表于表 4-5。

表 4-5 常用饲料成分表 (%)

饲料名称	干物质	粗蛋白质	非降解蛋白质	可降解蛋白质	中性洗涤纤维	酸性洗涤纤维
玉　米	86	8.0	52	48	7.7	2.6
大　麦	87	11.0	27	73	21.0	9.0
小麦麸	87.0	15.7	29	71	51.0	15.0
大豆饼	87.0	41.0	35	65	20.0	9.2
棉籽粕	88.0	40.5	43	57	22.9	16.7
啤酒糟	88.0	24.3	50	50	46.0	24.0
玉米蛋白料	88	19.3	61	39	39.6	10.0
整粒棉籽	92.0	20.0	39	61	44.0	34.0
苜蓿干草	93.8	18.1	30	70	50.0	37.0
苜蓿草块	92.0	16.6	30	70	43.0	34.0
羊　草	91.6	8.7	40	60	—	—
野干草	91.6	7.7	40	60	62.7	40.0
玉米秸	83.9	7.4	—	—	67.0	39.4
玉米青贮	19.8	1.6	31	69	12.9	7.6

根据我国饲料标准(2002 年版)规定,成年牛蛋白质养分有可消化粗蛋白质(克)和小肠可消化粗蛋白(克)。

小肠蛋白质 = 饲料瘤胃非降解蛋白质 + 瘤胃微生物蛋白质

饲料非降解蛋白质 = 饲料蛋白 - 饲料瘤胃降解蛋白质(RDP)

$$\text{小肠可消化蛋白质} = \text{饲料瘤胃非降解蛋白质(VDP)} \times \text{小肠消化率} + \text{瘤胃微生物蛋白质(MCP)} \times \text{小肠消化率}$$

我国奶牛饲养标准(NY/T—2002)建议,小肠可消化粗蛋白转化为乳蛋白的效率参数采用0.7,小肠可消化粗蛋白转化为体蛋白的效率参数采用0.6。成年奶牛用于维持、产奶、妊娠后期所需的小肠可消化粗蛋白见附录一。

4. 矿物质 矿物质占奶牛体重的5%。奶牛机体由很多含量不等的元素组成,其中占体重0.01%以上者为常量元素,低于0.01%者为微量元素。奶牛需要的常量元素可直接加入配合饲料中的有钙、磷、镁、钾、钠、氯、硫等;微量元素有铁、钴、铜、锰、锌、碘、硒等,它只有和载体一起制成预混料才可使用。

(1)钙和磷 奶牛身体中钙(Ca)和磷(P)占牛体矿物质含量的80%,主要存在于骨骼与牙齿中。钙在调节机体新陈代谢方面起着重要作用,长期缺钙将引发犊牛佝偻病和成年牛骨质疏松症,出现生长迟缓、骨骼发育不良或易骨折、产奶量下降、乳热症等。磷供应不足可引发佝偻病、骨质疏松症等,还可出现食欲不振,甚至拒食或异食癖,母牛屡配不孕等。此外,钙也是牛奶中的重要成分。奶牛产后从牛奶中排出大量的钙。有人测定,牛奶中钙的浓度是血中钙的12~13倍,如不及时补钙将造成低血钙及瘫痪。日粮中钙的含量过高对奶牛也不利。如日粮干物质中钙高于0.95%~1%,则会降低采食量和产奶量。

一般粗饲料含钙较多,石粉、蚌壳粉是钙的补充饲料。试验证明,充分饲喂品质好的豆科牧草,母牛日产奶30千克,也能保持体钙的正常平衡。如缺磷,可适当补加精料喂量或补少量磷酸氢钙等。但也不宜过多,以免骨组织受损害。奶牛日粮磷的最大耐受量为1%。

(2)镁 镁是构成骨骼的主要成分,是多种酶的活化剂。在糖和蛋白质代谢及神经传导活动中起重要作用。

缺乏镁可出现痉挛症,镁过高则可引起腹泻。镁的需要量,后备牛约占日粮的0.07%,产奶牛约占0.2%。奶牛对镁的最大耐受量为0.4%。

(3)钾 钾是牛体组织的成分之一。牛奶中含钾0.15%。其含量多于钙。钾缺乏时奶牛食欲下降,异食癖出现,产奶量也有所下降。产奶牛的钾需要量为日粮干物质的0.8%。夏季炎热对钾的需要量增加,可提高到占日粮干物质的1.2%。一般茎秆类粗饲料中钾的含量高,不易缺乏。但产奶牛喂精料型日粮,有可能缺钾。

(4)钠和氯 食盐可补充奶牛对钠和氯的需要,还有调味和增进食欲的作用。植物中钠和氯元素含量均较低。配合日粮中应加入食盐。泌乳牛日粮干物质应添加食盐0.5%~1%,非泌乳牛应添加0.3%~0.5%。奶牛缺钠将出现强烈的渴求食盐的欲望和异食癖,食欲下降,甚至拒食,产奶量和体重骤减,身体虚弱。更严重时会颤抖、运动失调、心律失常,导致死亡。但过多采食食盐,严重时会出现氯化钠中毒。一般泌乳牛食盐喂量不高于干物质总食量的4%。

(5)硫 硫是蛋氨酸和胱氨酸等必需氨基酸的成分,也是硫胺素、生物素和某些多糖、酶的成分。牛奶中约含硫0.03%。硫的来源较广,多数天然饲料含硫丰富,能够满足奶牛需要。但当饲喂大量青贮玉米时,奶牛最可能缺硫。泌乳牛对硫的需要量约为日粮的0.2%。缺硫会导致采食量及消化率降低,产奶量下降,增重缓慢。但喂量不可太多,以免降低采食量或中毒。

(6)铁 铁是血红蛋白、细胞色素和酶的组成成分之一,对体内二氧化碳的摄取与排出起重要作用。铁是牛奶中的必要成分。缺铁易患营养性贫血症。奶牛日粮干物质中铁的喂量以每千克 40～60 毫克为宜，犊牛可高至 100 毫克。

(7)铜　铜是构成血红蛋白和一些酶的成分，具有催化血红蛋白的合成作用。缺铜的症状颇多，如贫血、生长受阻、产奶下降、骨骼异常、生殖系统疾病、不育、腹泻、神经系统损害、运动失调、被毛褪色等。但摄食过多的铜会发生中毒。一般每千克日粮中铜需要量为 6～12 毫克。最大含量为每千克 100 毫克。

(8)钴　钴是维生素 B_{12} 的主要成分，与蛋白质及碳水化合物的代谢有关，也是瘤胃微生物生长所必需的。日粮中缺钴，瘤胃微生物区系发生变化、数量减少，维生素 B_{12} 及其他营养物质合成受阻，出现食欲不振，产奶量下降，后备牛生长停滞，成年牛消瘦。奶牛体内很少存留钴，所以，每天日粮干物质中钴的供给量不少于 0.1～0.4 毫克/千克。奶牛对钴的耐受力大，过多的含量，很少见有中毒。

(9)锰　锰为体内一系列酶的激活剂，与动物的生长、繁殖、代谢有关。缺锰时生长减缓，骨骼变形，繁殖力下降，犊牛畸形及运动失调。奶牛日粮干物质中锰的供给量为 20～40 毫克/千克。

(10)硒　硒在营养上具有重要作用。硒是谷胱甘肽过氧化酶的主要组成成分，与维生素 E 代谢有关。

试验表明，硒缺乏会造成母牛受胎率低和胚胎被吸收，是影响繁殖率的主要因素。此外，还可导致白肌病。

硒摄入过量可引发急性或慢性中毒，导致消瘦、脱毛、跛行或脱蹄。缺硒地区，其补量以每 1 千克干物质饲料不超过 0.3 毫克为宜。

(11)锌　机体所有组织中均存在锌。锌是牛体内多种酶及胰岛素的组成成分，参与碳水化合物的代谢。

锌缺乏可使采食量减少，利用率降低，生长受阻，皮肤出现不全角质化，繁殖功能受到严重影响。过量的锌可影响铜、铁的吸收，造成贫血和生长迟缓，还可影响瘤胃微生物区系。奶牛体内约含锌20毫克/千克。高产奶牛每千克饲料干物质含锌量必须达到40毫克/千克，方可不发生锌缺乏症。

(12)碘 机体内碘含量很少，70%～80%碘集中在甲状腺中。碘直接影响奶牛的基础代谢。

缺碘可产生甲状腺肥大，基础代谢率下降，后备牛生长迟缓，成年母牛产奶量下降，繁殖力降低，性周期紊乱，甚至不排卵、死胎、流产等。在缺碘地区，碘的补充量以每千克干物质饲料中不超过0.6毫克为宜。

5. 维生素 维生素是维持奶牛正常生理功能不可缺少的微量低分子有机化合物。维生素分有脂溶性和水溶性两大类。脂溶性包括维生素A、维生素D、维生素E和维生素K。水溶性包括B族维生素和维生素C。B族维生素、维生素C和维生素K，可在瘤胃内合成，所以奶牛一般情况下不缺乏。缺乏的主要是维生素A、维生素D、维生素E。但犊牛还要补充各种维生素。维生素A具有多种生理功能。如果维生素A不足，可产生50种以上的缺乏症状，最常见的是夜盲症。长期严重不足，可导致母牛性周期异常、不孕和流产。在正常饲粮中供应5%优质青干草和一定数量的胡萝卜之类的多汁饲料，则可有效防止维生素A的缺乏。生长牛每100千克体重需要4 240单位维生素A，繁殖和泌乳牛每100千克体重需要7 600单位。

维生素D_3具有调节钙、磷代谢，维持正常钙、磷比例的作用。缺乏维生素D_3可导致机体钙、磷代谢紊乱，影响骨骼发育，引发产奶牛与妊娠牛骨质疏松症。

补喂优质青干草，加强户外运动或在日粮中补喂维生素D_3，可预防维生素D_3缺乏症。

维生素E主要作为生物抗氧化剂。维生素E缺乏可引起繁殖功能紊乱。维生素E可防止牛奶失去香味和牛奶酸败。每千克日粮中维生素E含量为15单位即可满足需要。

6. 水 水是奶牛必需的营养物质。水的来源有三：一是饮水；二是饲料中的水；三是机体新陈代谢形成的代谢水。缺水，使母牛遭受的损害比缺乏其他营养物质更为迅速和严重。奶牛缺水或长期饮水不足，会严重损害奶牛健康，使食欲减退，消化过程减缓，引起粘膜干燥，而降低对传染病的抵抗力，奶牛产奶量急剧下降。为此，日粮中必需供给充足的饮水。在一般情况下，泌乳母牛每采食干物质1千克，需水5.6升或每产奶1千克需水4~5升。犊牛出生后的最初21天饮水量为1~1.5升(头·天)，随固体饲料采食量的增加，饮水量也增加。

五、奶牛日粮配合

国外奶牛业发达国家，奶牛典型日粮的组成一般1/3为玉米青贮，1/3为苜蓿半干青贮或苜蓿干草，1/3为精料补充饲料。在我国，不少奶牛场(户)日粮组成不是精料太多，就是精料太少，这不仅影响奶牛健康和产奶量，而且很不经济。所以，奶牛饲养者必须学会利用各类饲料相互搭配，使日粮中各种营养物质的种类、数量和其相互比例都能满足奶牛营养需要，这样的日粮称为全价日粮。

(一)日粮配合原则

第一,日粮配合应以奶牛饲养标准为基础,结合本场(户)饲养奶牛的经验与效果,充分满足奶牛不同饲养阶段的营养需要。

第二,为确保奶牛足够的采食量和消化功能的正常,还应注意日粮的容积和干物质含量。一般高产奶牛干物质需要量为体重的3.5%~4%,中产奶牛为3%~3.3%,低产奶牛为2.5%~2.8%。

第三,粗纤维是保持奶牛正常消化和代谢过程的重要物质,日粮中粗纤维含量应占日粮干物质的15%~24%。如体重为500千克的成年奶牛,每天饲喂干草量少于3千克,则会影响奶牛的正常反刍。

第四,为使日粮中营养全面满足奶牛营养需要,日粮搭配的饲料种类应多样化,粗饲料应有2种以上,多汁饲料2~3种,精料4种以上。为提高日粮的适口性,在配合精料时应加些甜菜渣、糖蜜等“甜味”饲料。

第五,各种精饲料在日粮中不应超过以下喂量:玉米4千克,豆类1.2千克,燕麦4千克,小麦麸6千克,大麦麸3千克,玉米糠3千克,葵花籽饼4千克,马铃薯20千克,鲜酒糟30千克,干啤酒糟2.5千克,胡萝卜25千克,甜菜30千克,青贮饲料25千克,优质青草35千克,饲用萝卜35千克,混合精饲料15千克。

第六,日粮中的饲料应因地制宜,尽量选用本地生产的来源广、价格低廉的饲料,以便降低成本,增加效益。

第七,设计出的日粮配方,都应经过饲喂试验。如经过一段时间饲养试验达到了预期效果,则可定下来,正式应用。一旦发现问题，如奶牛产奶量下降、腹泻等，则应查清原因。如确因日粮配方的缺陷引起，即应加以修正，并再行试验，直到满意为止。

（二）日粮配合方法

在了解奶牛各阶段生理特点和营养需要的基础上，根据当地的饲料资源，可按照以下的方法和步骤进行日粮配合。

例如：1头600千克体重的初胎母牛，日产乳脂率4%标准乳18千克。现有干草、玉米青贮、玉米、麸皮、棉仁饼、豆饼、磷酸钙等饲料，可按如下步骤配合其日粮。

第一步，从附件三中查出奶牛的营养需要量，列于表4-6。

表4-6 奶牛的营养需要

类　别	日粮干物质（千克）	奶牛能量单位（NND）	可消化粗蛋白质（克）	钙（克）	磷（克）	胡萝卜素（毫克）
维持需要	7.52	13.73	364	36	27	64
产乳需要	8.1（0.45×18）	18（1×18）	990（55×18）	81（4.5×18）	54（3×18）	—
合　计	15.62	31.73	1354	117	81	64

第二步，从附件一的表中查出干草等饲料的营养成分，列于表4-7。

表4-7 干草等饲料的营养成分

饲料名称	干物质（%）	奶牛能量单位（NND/千克）	可消化粗蛋白质（克/千克）	钙（%）	磷（%）
干　草	88.3	1.15	19	0.28	0.20
玉米青贮	22.7	0.36	10	0.1	0.06
玉　米	88.4	2.28	56	0.08	0.21

续表 4-7

饲料名称	干物质（%）	奶牛能量单位（NND/千克）	可消化粗蛋白质(克/千克)	钙（%）	磷（%）
麸　皮	88.6	1.91	86	0.18	0.76
棉籽饼	89.6	2.34	211	0.27	0.81
豆　饼	90.6	2.64	280	0.32	0.50
磷酸钙	—	—	—	27.91	14.38
石　粉	99.1	—	—	32.54	—

第三步，首先满足奶牛粗饲料需要量。如每天喂干草 3 千克，玉米青贮 25 千克，则可获得如下营养(表 4-8)。

表 4-8　奶牛日粮中粗饲料的营养含量

饲料原料	奶牛能量单位（NND）	可消化粗蛋白质(克)	钙（克）	磷（克）	胡萝卜素（毫克）
干　草	$3\times1.15=3.45$	$3\times19=57$	$3\times2.8=8.4$	$3\times2=6$	
玉米青贮	$25\times0.36=9.7$	$25\times10=250$	$25\times1=25$	$25\times0.6=15$	
合　计	13	307	33.4	21	
标　准	31.73	1354	117	81	64
尚缺营养	18.73	1047	83.6	60	64

第四步，不足营养用精料补充。每千克精料按含 2.22 个奶牛能量单位计算，其精料量为$\frac{18.73}{2.22}\approx8.44$千克。

如喂以玉米 3 千克，麸皮 3 千克，棉籽饼 1 千克，豆饼 1.44 千克，其精料营养见表 4-9。

表 4-9　奶牛日粮精饲料初配方的营养含量

饲料 原料	奶牛能量单位	可消化 粗蛋白质(克)	钙 (克)	磷 (克)
玉　米	3×2.28=6.84	3×56=168	3×0.8=2.4	3×2.1=6.3
麸　皮	3×1.91=5.73	3×86=258	3×1.8=5.4	3×7.6=22.8
棉籽饼	1×2.34=2.34	1×211=211	1×2.7=2.7	1×8.1=8.1
豆　饼	1.44×2.64=3.8	1.44×280=403.2	1.44×3.2=4.6	1.44×5=7.2
合　计	18.71	1040.2	15.1	44.4
总　计	31.71	1347.2	48.5	65.4
与需要 比　较	-0.02	-6.8	-68.5	-15.6

由此可见,上述日粮能量已满足需要,而可消化粗蛋白质、钙、磷的需要量尚感不足。

第五步,补充高蛋白质饲料。按可消化粗蛋白质需要补充豆饼 0.03 千克,即可满足需要量。

第六步,补充矿物质。尚缺钙 68.5 克,磷 15.6 克,需补充 0.11 千克磷酸钙,0.12 千克石粉,则可获得平衡日粮。

根据以上计算,该头成年母牛日粮组成如下:干草 3 千克,玉米青贮 25 千克,玉米 3 千克,麸皮 3 千克,棉籽饼 1 千克,豆饼 1.47 千克,磷酸钙 0.11 千克,石粉 0.12 千克,总计 36.7 千克。

(三)各龄牛日粮配方

1. 后备牛日粮配方　见表 4-10。

表 4-10　后备牛各月龄日粮配方　（单位:千克）

饲料名称	月龄				
	1～2	3～6	7～12	13～15	16～24
配合精料	少量～0.5	1～2.0	2～2.5	3～3.5	3.5～4
青干草	自由采食～0.5	2～3.0	3.5～4	4.5～5.0	6～7
青　贮	0.5	1～3.0	3.5～6	6.5～8	8～10
磷酸钙(脱氟)	少量	0.01～0.025	0.025	0.05	0.05
食　盐	少量	0.01～0.02	0.025	0.025	0.05

2. 干奶牛日粮配方　见表 4-11。

表 4-11　干奶牛日粮配方　（单位:千克）

饲料名称	干奶第一个月份	干奶第二个月份
干　草	6(4)	6(5)
青饲(青贮)	10(18)	12.5(15)
多汁饲料	5	7.5
配合精料	4.0(3)	5.0(4)
磷酸钙(脱氟)	0.08	0.08

3. 产奶母牛日粮配方　见表 4-12。

表 4-12　产奶母牛日粮配方　（单位:千克）

日产奶量	青干草	玉米青贮	多汁饲料	糟 渣	混合精料	磷酸钙(脱氟)
10	5	10	5	2.5	4	0.025
15	5	16	3	2.5	7.0	0.05
20	4	18	3	5	7.5	0.075
30	3.5	20	6	8	9.0	—

4. 各龄牛精料配方

(1)哺乳期犊牛配合精料配方 豆饼29%,亚麻饼10%,玉米29%,燕麦20%,小麦麸9%,矿物质3%。

(2)断乳后犊牛配合精料配方 玉米55%,豆饼22%,麸皮19.5%,石粉1.5%,磷酸钙(脱氟)1%,食盐1%。

(3)育成母牛配合精料配方 玉米30%,麸皮24%,大麦8%,豆饼30%,菜籽饼5%,石粉2%,微量元素添加剂1%。

(4)干奶牛配合精料配方 玉米60%,豆饼10%,麸皮16%,大麦6%,高粱6%,食盐2%。

(5)产奶牛配合精料配方

配方1 玉米47.2%,豆饼28.3%,麸皮18.9%,磷酸钙3.3%,食盐2.3%。

配方2 玉米54%,豆饼24%,麸皮19%,磷酸钙2%,食盐1%。

配方3 玉米30%,豆粕10%,棉仁饼16%,麸皮18%,大麦19%,磷酸钙(脱氟)5%,食盐2%。

(四)全混合日粮的应用

根据泌乳期产奶量、乳脂率和体重等因素,计算奶牛所需营养成分,确定饲料配方;然后将铡短的粗饲料与精饲料、各种添加剂进行充分混合而得到的一种营养相对平衡的日粮。这种全价料叫全混合(TMR)日粮。饲喂全混合日粮,适合奶牛采食心理,是比较先进的饲养方法。可减少消化功能失调、瘤胃酸中毒和过食等问题。实际上我国劳动人民早已应用于生产实践,不过是采用手工混合操作,而不是采用机械混拌。

目前,我国不少地区的奶牛场采用了全混合日粮饲养技术。全混合日粮饲养技术起始于20世纪60年代,首先在英、美、以色列等国推广应用,随后移植到加拿大、日本、埃及等国。大量试验证明,全混合日粮饲养技术已经取得了较为理想的饲养效果。

全混合日粮饲养对于散栏式牛舍更能充分发挥高产奶牛的生产潜力,提高饲料转化率和劳动生产率,增加经济效益。

为了易于确定营养标准,全混合日粮饲养需要建立在分群饲养的基础上。但是,有的奶牛场由于牛群规模不大,难以分群,而采用了以 TMR + X 的饲喂方式,TMR 为基本日粮,X 为其他饲料。对高产奶牛,添加高能高蛋白质的营养料,对低产奶牛,增加粗饲料的喂量。这种饲喂方式在我国值得推广。

1. 应用全混合日粮需注意的问题 ①认真分析牛群结构,在定期测定个体牛的产奶量、乳成分、体况等基础上,按不同的泌乳阶段和产奶量以及体况评分进行合理的分群。②正确计算奶牛的干物质采食量和估测全混合日粮的容量,注意饲料的品种和用量。③饲喂过程中应注意均匀地将饲料投放在整个饲槽里,不得投放到过道上。④每头母牛应有 55 ~ 75 厘米宽的饲槽。⑤采用 24 小时自由采食的牛所剩料脚应占饲粮的 3% ~ 5%,每天应翻料 2 ~ 3 次。⑥饲槽每天清扫 1 次,视气温每天或隔天消毒 1 次。⑦检查水质,及时清洗和消毒水斗。⑧尽量在牛采食最频繁的时间发料,每天饲喂 2 ~ 3 次,天冷时可 1 天 2 次。增加饲喂次数并不增加干物质采食量,但可提高饲料效率。经常翻料也可达到增加饲喂次数的效果。

2. 全混合日粮制作要点

(1)称量投喂准确

①秤要准确 称不同重量时,秤可能会有不同偏差,秤应经常校正。

②原料含水量要准确　全混合日粮饲喂失败的主要原因之一是原料含水量估算不准确。尤其是青贮、鲜糟、青绿饲料等高湿原料水分差别较大时,应对投料量进行校正。因此,至少每周应测1次原料水分含量。

③投料准确　每批原料投放应有记录,并进行审核。

(2)搅　拌

①时间　每批原料添加量不少于20千克。最后一批原料加完后再搅拌4～5分钟,总搅拌时间应达10分钟以上。搅拌时间过长,全混合日粮太细,有效纤维不足;搅拌时间过短,原料混合不匀。过度搅拌比搅拌不足危害更大。

②顺序　要根据饲料的种类和饲料的特性安排顺序,既要防止长草不能切碎和搅拌不均,又要防止某些饲料(特别是青贮玉米)被搅拌得过细过碎。一般投料顺序为:精饲料→糟渣类饲料→颗粒料→长干草→苜蓿草→青贮。

六、后备牛培育

后备牛包括犊牛、育成牛和初孕牛。也有人把后备牛分为犊牛和育成牛。育成牛又分为育成前期牛和育成后期牛,并把育成后期牛称作青年牛。

后备牛的培育直接影响成年奶牛的体型外貌和终生产奶性能。所以人常说,后备牛是牛群的未来。这充分说明了后备牛培育在奶牛生产中的重要意义。

(一)犊牛培育

犊牛是指从出生到3月龄或到6月龄的小牛。这主要取决于哺乳期的长短。根据犊牛这一阶段生理变化的特点,一般分初乳期、常乳期和断乳期。前两期(0～2月龄)也称哺乳期,一般始末体重为40千克→75千克,平均日增重580克。此阶段发病率、死亡率高。从各奶牛场犊牛死亡情况来看,有60%～70%发生在出生后第一周。因此,要加强预防和护理。

1. 初乳期　指初生后5～7天的一段时间。

初生后正常犊牛的体重约占成年母牛体重的6.5%。其体型较高,但宽度较小,腿长为成年牛的63%,体高为成年牛的56%。犊牛生后必须尽快喂初乳。初乳营养丰富,总干物质中除乳糖外,其他营养物质均较常乳高,总蛋白质比常乳高4倍,白蛋白及球蛋白高10倍。球蛋白可提高犊牛的免疫力。初乳灰分中还含有较多的镁盐,可促使犊牛生后尽快排除胎粪。所以,犊牛生后1小时内应吃到足量初乳。这是提高犊牛成活率的关键。

(1)初乳日喂量　初生犊牛哺乳量一般为出生重的15%左右。如初生体重40千克,每天喂3次,每次2千克,共6千克。7天内共喂42千克。如初乳温度过低,易引发胃肠道疾病。可用水浴加温至35℃～38℃再喂。初乳应现挤现喂。放置时间过长,容易引起犊牛腹泻。

如初乳有剩余,可制作发酵初乳。即将初乳放入广口桶内,陆续装满,将桶置于清洁、干燥、背阴的室内,使其自然乳酸发酵。发酵适宜温度为15℃左右,静置2～3天,初乳逐渐变为酸乳,形成豆腐状(pH值4.2～4.4)即可饮用。如出现腐败臭,则不可再喂犊牛。饮用发酵初乳可节约大量常乳,值得推广。

(2)喂初乳的方法　人工哺乳应采用橡胶乳头哺乳器,并做到定时、定量、定温(38℃)。如犊牛不会吸吮,可用乳头蘸上乳汁塞进口中,训练几次便可习惯。

2. 常乳期 指初乳期后至断奶前的一段时间。

(1)哺乳期及哺乳量 由于各地条件不一,常乳期有长达5个月的,也有缩为1个月的。实践证明,常乳期过长,虽然前期生长发育好,但成本高,而且不利于后期对粗饲料的利用,不宜提倡。但也不能喂常乳过少,特别是在草料不好的情况下,犊牛生长发育则会受阻,不是一种好的方法。目前多数地区哺乳期为2个月,喂常乳量300千克。其具体喂乳比例:第一个月龄占总喂乳量的60%,第二月占40%。常乳饲喂次数可由每天3次改为2次。常乳期还应补喂草料。

(2)补喂草料 为了促使瘤胃发育和补充必要的营养,从7日龄开始,可用奶拌精料促使犊牛舐食。随着奶量减少,其精料喂量可逐渐增加,由开始每天喂10~20克增至250~300克。2周龄以后还可开始饲喂少量干草,由每天0.1千克逐渐增至0.5千克。干草应新鲜、幼嫩、柔软和品质好。干草可放在食槽内和运动场内的草架上,让犊牛自由采食。此外,每天还应给犊牛补充一定量的饮水,饮水的方法是在喂奶后逐头喂饮,以防饮水过多。冬天饮水应加温(36℃~37℃),过凉易造成犊牛腹泻。

30日龄后,喂常乳量逐渐减少的同时,还可增加精料,至2月龄达到每天0.5千克。可喂少量青贮。青贮喂量由每天0.2千克逐渐增加到2月龄时每天0.5千克,干草增至每天1千克。为补充维生素的不足,每日每头犊牛可喂0.5~1千克胡萝卜等块根类多汁饲料。

实践表明,常乳期内前期多喂奶,后期少喂奶,而精、粗饲料前期少喂,后期多喂,饲养效果较好。这有利于断奶后适应植物性饲料,保持正常生长速度。

犊牛2月龄以内最易发病。为了防止犊牛发病,除供应充足的营养外,常乳期哺乳用具每用一次都应立即清洗消毒,并且每喂完一次应用清洁的毛巾擦净犊牛嘴周围的残留奶,以防形成互舔等恶癖。

总饲料喂量:初乳42千克,常乳300千克,精料17~20千克,干草30~40千克,青贮30~40千克。

3. 断乳期 也称犊牛后期。指常乳期后至6月龄的一段时间。此阶段生长发育最快,始末体重分别为75千克和170千克,平均日增重800克。断乳后由于瘤胃功能发育迅速,精饲料喂量应逐渐增加,同时喂给优质青、粗饲料,让其自由采食。61~180日龄犊母牛可参考以下的日粮配方:犊牛精饲料1.7~2千克(全期200~240千克),干草(优)2~3千克(全期240~360千克),青贮(优)4~5千克(全期500~600千克)。

犊牛精料配方:玉米35%,麸皮22%,高粱5%,豆饼35%,磷酸钙(脱氟)1%,石粉1%,食盐1%。

4. 注意事项

第一,犊牛期要单圈饲养,即单独饲养在一栏内为好,可以避免相互吸吮,减少病原微生物的传播扩散,降低犊牛发病率。

第二,凡患有结核、布鲁氏菌病和乳房炎的牛产的乳,千万不可饲喂犊牛。

第三,勤于观察犊牛,每日测体温、心跳与呼吸次数,并观察粪便及精神状态。

犊牛正常体温为38.5℃~39.5℃,初生犊牛心跳120~190次/分钟。哺乳期90~110次/分钟。呼吸次数20~50次/分钟。

哺乳期如哺乳过量,其粪便软,呈淡黄褐色或灰色;黑粪便可能饮水不足;受凉时粪便多气泡;患胃肠炎时粪便混有粘液。

正常的粪便呈黄褐色，吃草后变干，呈盘状。犊牛腹泻，粪便变稀，恶臭，粪中混有粘液或血液，粪中带气泡。

健康犊牛在喂奶前双耳伸前，双眼有神，呼吸有力，动作活泼，不健康犊牛低头垂耳，两眼失去活力。

第四，发现患病犊牛要尽早隔离，以免发生交互传染，并尽早请兽医治疗。

第五，犊牛出生后应立即称重，以后每月称1次。从6月龄起，测量统计体高、体长、胸围等数据。

（二）育成牛培育

指7月龄至配种前的育成牛。在正常的饲养管理情况下，育成母牛7～15月龄始末体重分别为170千克和350千克，平均日增重700克。本阶段正处于性成熟阶段，6～12月龄，生殖器官及第二性征生长速度加快，体躯向高度急剧生长，前胃已相应发达。在正常的饲养管理条件下，育成母牛一般在10月龄时出现发情征候。性成熟后虽可受孕，但因体格过小，不但难产发生率很高，而且所产犊多发育不良，故不能配种。必须达到体成熟，当骨骼、肌肉和内脏各器官基本发育完成（占成年母牛体重的70%）之后，才能配种。由此可见，利用这个阶段的生长优势，使育成牛尽早达到配种体重，应作为育成牛的培育目标。也是降低饲养成本，增加经济效益的有效途径。

实践表明，育成牛高营养、快增重，并不一定会提高其后代的产奶性能，而且加大了饲养成本。特别是性成熟期体重增重过快，不利于乳腺发育，而且容易发生难产和产后综合征。试验证明，荷斯坦牛6～12月龄日增重以0.6～0.7千克为宜。其日喂量按100千克体重计可参考以下指标进行搭配:干草 2~3 千克(共计 540~810 千克),秸秆 1~1.2 千克(全期 270~320 千克),玉米青贮 8~9 千克(全期 220~240 千克),配合精饲料 2.6~3 千克(全期 700~800 千克)。

配合精饲料配方:玉米 50%,豆饼 20%,棉籽饼 8%,麸皮 16%,鱼粉 3%,碳酸钙 1%,磷酸钙(脱氟)1%,食盐 1%。

(三)初孕牛饲养管理

1. 初孕牛的饲养 初孕牛是指育成牛怀孕之日至产犊前的一阶段(16 月龄至 24 月龄),始末体重分别为 350 千克和 480 千克。这一阶段体躯显著向宽深发育,饲养上基本同于育成牛。在饲养上营养不能过于丰富,也不能过于贫乏。日粮应以干草、青贮、青草为主,少喂精料。但怀孕后,尤其在怀孕 6 个月后,由于胎儿的生长变快,子宫体和妊娠产物(羊水等)增加较多,乳腺发育加速,营养需要量显著增加。日增重 800 克以上的个体,可参考以下指标搭配日粮:干草 3~5 千克或自由采食,玉米青贮 6~10 千克,精料 3 千克。其中干物质采食量占体重 2%,奶牛能量单位 2.2/千克,粗蛋白质11%~12%。精料配方:玉米 61%,豆饼 10%,麸皮 15%,次粉 10%,磷酸钙(脱氟)1.5%,石粉 0.5%,食盐 1%,添加剂 1%。

2. 初孕牛的管理

第一,初孕牛应保持轻度运动。既可增进食欲,又有益于健康,对顺利产犊及产后恢复均有好处。

第二,怀孕中、后期应加强对乳房的保护,并用温水清洗乳房,以促进乳腺发育。对有吸吮其他牛乳恶癖的牛,应从牛群中剔除或带上笼头,以防乳房被吸吮而产后成瞎乳头。

第三,产前 2 个月可转入成年母牛舍,产前 2 周转入产房饲养。

七、泌乳牛饲养管理

泌乳牛一般分五期，即围产期、泌乳盛期、泌乳中期、泌乳后期及干乳期。奶牛围产期及干奶期饲养管理详见本书第二章。

（一）泌乳盛期母牛的饲养管理

泌乳盛期指母牛产后21～120天的这一段时间。母牛产后21天左右，体质已得到恢复，乳房水肿完全消失，体内催乳激素的分泌量逐渐增加，乳腺功能日益旺盛，产奶量迅速增加，母牛营养需要量增加300%～700%。但此期并不是奶牛最大干物质采食量时期，食入的营养不能满足产奶需要，处于能量负平衡状态；母牛只好靠动用自身体脂来泌乳，消瘦减重。据试验，泌乳性代谢类型母牛，产后56～70天常减轻体重50～70千克，以此来换取多产330～500千克奶量。所以，此阶段的饲养应以促进采食更多的营养物质为中心，尽可能使日粮干物质占体重的3%～4%。日粮中干物质精、粗比可调整到60:40，粗纤维不低于15%，每天以0.3千克精料量逐日递增，直至达到泌乳高峰的日产奶不再上升为止，但最大喂量不应超过15千克。每天供给优质苜蓿干草3～5千克和0.5千克棉籽。为防止瘤胃内pH值显著下降，日粮中可加入2%碳酸氢钠或0.8%氧化镁（按干物质计算）做缓冲剂，以防瘤胃酸中毒后酮病的发生。每天补充维生素E 500单位，可降低乳房炎的发生，增强对大肠杆菌的抵抗力。

日粮组成：玉米青贮20千克，块根3～5千克，糟渣不超过12千克，干草自由采食。精料喂量：日产奶20千克，喂7～

8.5千克;日产奶30千克,喂8.5~10千克;日产奶40千克,喂10~12千克。

精料配方:玉米48.5%,小麦麸25%,花生饼(粕)10.5%,豆粕10%,食盐1%,碳酸氢钠2%,磷酸钙(脱氟)2%,预混料1%。

(二)泌乳中期母牛的饲养管理

泌乳中期指母牛产后121~200天泌乳阶段。此期的母牛食欲旺盛,饲料转化率较高,但产奶量开始缓慢下降,各月份的下降幅度为5%~7%。母牛体况开始逐渐恢复。为此,在此阶段,为了使日产奶量下降不至于过快,母牛所获营养除满足维持和产奶需要外,还应增加用于恢复产后失重的营养,实行全价日粮饲养。日粮干物质精、粗比以50:50较为适宜。建议采取以下饲养方案。

第一,按"料跟着奶走"的原则,即随着泌乳量的减少而逐步相应减少精料喂量。

第二,在精料逐渐减少的同时,尽可能增加粗饲料喂量,以满足奶牛营养需要。

第三,对过瘦过弱的个体应增加精料喂量,以利于恢复体况,对中等以上体况应减少精料的喂量,以免体况过肥。

日粮组成:玉米青贮20千克,羊草4千克。每产2.7千克常乳,喂精料1千克。精料配方为:玉米50%,豆饼(粕)25%,麸皮12%,玉米蛋白料10%,磷酸钙(脱氟)2%,食盐0.9%,微量元素和维生素添加剂0.1%。

(三)泌乳后期母牛的饲养管理

泌乳后期指产后201天至停奶前一段时间。此期的特点是母牛已到妊娠中、后期,胎儿生长发育很快,母牛需要消耗大量营养物质，但随着体内激素分泌的变化，泌乳量急剧下降，每个月下降幅度为8%～12%。日粮精、粗比以40∶60为宜。由于本期营养物质转为体重的转换率(61.6%)比干奶期时转换率(48.3%)高，是恢复体况的最好时期。应根据产奶量和体况搭配日粮。如体况中等，奶牛则应尽可能多喂优质粗饲料，适当减少饲喂精料，要严防体况过肥，以免影响母牛健康。

日粮组成：青贮玉米20千克，干草4千克，混合精料6～8千克。精料配方为：玉米33%，麸皮30%，豆饼8%，亚麻饼25%，矿物质2%，食盐2%。

(四)体况评分

为了检查泌乳牛各阶段饲养效果，在各饲养阶段进行体况评分十分必要。5分制评分标准见表4-13。根据体况评分可及时调整饲养方案和日粮配方。如体况过瘦即表明营养不良；如过肥即表明营养过剩，不仅造成饲料浪费，还易于引发难孕、肥胖综合征、脂肪肝等疾病。产奶量也不会高。

表4-13 奶牛体况评分标准

评 分	脊椎部	肋 骨	臀部两侧	尾根两侧	髋 骨
1	非常突出	非常突出	严重下陷	陷窝很深	非常突出
2	明显突出	多数可见	明显下陷	陷窝明显	明显突出
3	稍显突出	少数可见	稍显下陷	陷窝稍显	稍显突出
4	平 直	完全不见	平 直	陷窝不显	不显突出
5	丰 满	丰 满	丰 满	丰 满	丰 满

奶牛在各泌乳阶段应保持如下的体况：围产期，3.5分；

泌乳盛期,2.5~3分;泌乳中期,3分;泌乳后期,3.5分;干乳期,3~3.5分。

一般情况下,奶牛分娩后60天左右,产奶出现高峰。分娩后80天体重降到最低,应控制在2.5分以上。分娩后100天采食量达高峰,体重开始回升,体况评分也略上升,至泌乳后期应上升至3.5分。

八、冬、夏季饲养管理

我国地域辽阔,有温带、亚热带、寒带或热带地区,沿海或内陆,平原、山区或高原地区,城郊、农村或牧区等,以及同一地区不同的季节。所以,奶牛的冬、夏季饲养方式、方法及其重点也不尽相同。

(一)夏季饲养管理

近年来,由于全球气候变暖,据报道,有不少地区夏季38℃以上高温天气持续50天左右。奶牛场(户)普遍出现奶牛流产头数增加,死亡率提高,肢蹄病严重,对奶牛正常生产带来了很大影响。所以,减少夏季热应激,维持奶牛持续高产,已成为广大养奶牛者普遍关注的问题。

在炎热地区的夏季,牛体由于散热困难,受到高温刺激后要发生一系列应激反应,如体温升高、呼吸加快、皮肤代谢发生障碍、食欲下降、采食量减少。因而,摄入的营养满足不了产奶需要,营养呈负平衡。在炎热季节,尤其在长江以南地区,奶牛体重、产奶量普遍下降,繁殖能力受阻,疾病增多,有时高温、高湿季节还会发生低酸度酒精阳性乳。为此,夏季必须采取防暑降温措施。

1. 牛舍干燥通风　牛舍内相对湿度应控制在80%以下。相对湿度大，空气热容量变小，牛体散热阻碍加大。所以牛舍早晚必须打开门窗，加大空气对流量。有条件者，可安装风扇，以加速湿度和异味的排除。

为避免强烈日光暴晒，运动场应设凉棚；如气温超过34℃，最好用凉水冲洗或喷洒牛体，有条件的还可采取淋浴。近年来，采用黑色遮阳网日渐增多，效果良好。

2. 改进日粮配方和饲养方法

(1)改变饲喂时间　增加饲喂次数。由于白天炎热，奶牛食欲减退，而夜间温度一般较低，所以为了增加采食量，应尽量在早晚、夜间补喂草料或增加饲喂次数。中午少喂精料。

(2)饮水充足　饮水槽不断水，最好饮用低温新鲜清洁水，并加适量食盐。冰水可大量吸热，降低奶牛体温。水槽每周至少应清洗一次。

(3)改变日粮类型　因为炎热，奶牛由饲料直接转化为牛奶的热增耗量，要比由体内贮存的蛋白质和能量转化为牛奶的热增耗量高两倍。所以奶牛在炎热季节，应尽量减少干草和青贮饲料采食量，否则这些粗纤维含量高的饲料在瘤胃中分解时，能产生大量的体热。有鉴于此，日粮中应加大精料比例，以减少热耗量。但喂精料也不能过多，以免引起乳脂率下降。最好将青贮玉米或干草与精料混喂，或多喂一些有利于降温的青绿多汁饲料，不喂热性饲料。

(4)每天增喂棉籽　增添经压扁整粒棉籽 2.3～3.6 千克，可减少体温升高。也可添加占日粮干物质 5%～6%的脂肪。

(5)日粮中添加碳酸氢钠及碳酸钾　使钾的含量占日粮干物质总量 1.5%，可增加采食量，减少热应激，防止产奶量和乳脂率下降。

(6)每天每头饲喂6克烟酸　可减少酮病的发生,增加产奶量。对泌乳初期奶牛,烟酸的效果更佳。

另外,夏季炎热多雨,是发生腐蹄病的重要诱因,应予高度重视,加以预防。

(二)冬季饲养管理

北方地区冬季漫长而寒冷,对奶牛正常生产造成很大威胁。在寒冷地区和寒冷季节,奶牛饲养管理必须采取保暖措施,并改进日粮配方,适当增加饲喂量,以提高牛奶产量。

1. 牛舍保暖防潮　牛舍气温低,空气不流畅,不仅影响奶牛泌乳、繁殖、生长和牛奶的风味,还会引发各种疾病。所以,冬季应做到:①牛舍应保持在0℃以上,且通风良好;②严防贼风和风雪袭击;③牛舍牛床应保持干燥卫生,牛床加厚垫草;④挤奶后除药浴乳头外,并涂凡士林油剂,以防乳头冻裂;⑤运动场上的粪尿及时清理,并垫土或稻草,以保持地面干燥。

2. 改善日粮配方　冬季在低温下维持能量增加。应结合气候变化补足能量饲料,特别是优质干草和多汁饲料,同时还要增加日粮精料比例。饲喂精料最好用热水拌料或喂热粥料,不喂冷料。冬季喂38℃左右的热粥料,不仅可增强牛体抗寒力,还可提高产奶量10%。

3. 改饮温水　冬季奶牛饮用冷水,会消耗体内大量热能,从而影响产奶。应改饮温水,不饮凉水。冬季应设温水池(10℃~12℃),供牛自由饮用。

4. 改变挤奶时间　为避开清早的寒冷给奶牛挤奶带来的不利影响,冬季早晨挤奶时间应比夏季推迟1个小时。

第五章　挤奶与生鲜奶的卫生管理

挤奶期间的卫生管理，既影响牛奶的产量，又影响牛奶的质量，还影响奶牛的健康。所以，要严格遵守挤奶操作规程。乳房炎是普遍流行而又危害严重的奶牛疾病，要切实做好预防工作。要坚持挤奶前后对乳头药浴；要通过定期检测，对患乳房炎的病牛及时发现，及时隔离，及时治疗，牛奶要废弃另放。对挤奶、贮奶和运奶设备要严格清洗消毒，以确保生鲜奶优质优价。

一、在挤奶方面的误区

养奶牛的人常说“奶在牛的口和人的手”。奶在牛的口，是说奶牛产量和质量在很大程度上取决于饲料与饲养。奶在人的手，是说在手工挤奶的条件下，奶牛的产量和质量要靠人的双手。由此可见，挤奶对牛奶产量、营养、质量、卫生状况以及乳房健康等方面均有较大的影响。但目前在挤奶方面存在不少误区，必须予以重视，加以纠正。

（一）掠夺式挤奶

有的奶牛场（户）为追求高产，从奶牛产后一直挤到没有奶为止。不根据奶牛的年龄、胎次、体况、挤奶天数及饲养水平适当安排停奶期（或适当缩短干奶期），而是采取掠夺式挤奶，带来的负面效应是严重的。其一，奶牛过度消耗体内营养，必然会使奶牛发情不明显，性周期紊乱，甚至造成不孕；

其二,奶牛体力消耗大,乳房腺体组织功能不易在短时间内恢复,而且影响下胎产奶量的提高。所以,奶牛在一个泌乳期内一定要安排停奶期。如因产后受孕时间过晚,距产犊期还长,也不宜过多延长挤奶时间,必须使奶牛有充分时间弥补体内损失的营养,为胎儿的正常发育和夺取下胎高产创造条件。

(二)产奶牛干奶前不监测隐性乳房炎

有些奶牛场(户),在奶牛正式干奶前不对隐性乳房炎进行监测。其结果是在干奶期才发现奶牛患了乳房炎,只好治愈后重新干奶。这既影响了乳房腺体组织的休息、整顿和改组,又造成产犊后产奶量下降。所以,正式停奶前半个月应监测隐性乳房炎。对阳性牛应治愈后再干奶。

(三)母牛产犊后过早加料催奶

母牛产后一般在乳房水肿未消失前,不能加料催乳。但有些奶牛场(户),母牛产后急于要奶,过早地开始加料催奶。这不仅影响了生殖器官的正常恢复,也不利于母牛正常发情,甚至造成屡配不孕。

(四)挤奶方法上的误区

1. 不清洗乳房乳头 用50℃温水清洗乳房和乳头,不仅可减少对牛奶的污染,更重要的是在挤奶前达到刺激和促进奶牛排乳反射,对提高牛奶产量和乳脂率颇有好处。但有不少奶牛场(户)挤奶前不清洗乳房和乳头。这不符合挤奶操作规程。

2. 挤奶次数偏少 由于收购鲜奶单位1天仅收购2次,又因奶牛场(户)一般没有低温贮奶设备。所以,不少奶牛场

(户)对高产牛如同低产牛一样,每天也只挤2次奶。这对发挥高产牛的产奶潜力十分不利。牛奶在乳腺中的不断积累,增加了对乳腺腺泡的压力,减缓了牛奶合成的速率。因此,高产奶牛适当增加挤奶次数,可减轻因牛奶蓄积乳房而产生的压力,以达到提高产奶量的目的。

3. 挤奶结束后乳头不药浴 当挤奶结束的几十秒钟内,乳头管是开放的。药浴后,消毒剂将进入开放的乳头管内。所以,挤奶结束后应尽快用消毒剂(20%碘伏)将乳头进行浸泡。这对预防乳房疾病非常重要。但是,有些奶牛场(户)挤奶结束后,乳头不进行药浴。这是工作中较大的漏洞,要尽快改正。

4. 挤奶人指甲过长 不少挤奶人员没有剪指甲的习惯。由于指甲过长,有的还带手饰,挤奶时往往对乳头造成外伤或污染牛奶。所以,挤奶人员必须养成常剪指甲的习惯。

5. 挤奶时间任意更改 有不少奶牛场(户)每天挤奶时间不固定,甚至有的随用随挤,用多少挤多少。有的还任意改变顺序,这不仅影响奶牛产奶量和乳房健康,而且还会引起奶牛不安,造成挤奶困难。

6. 不剪乳房上的长毛 奶牛乳房上的长毛极易沾上粪便及垫草等脏物。所以,奶牛场(户)定期剪掉奶牛乳房上的长毛十分必要。

7. 挤奶不一气挤完 有一些挤奶人挤奶开始后,不抓紧在几分钟内(5~8分钟)挤完,常常挤奶时还做其他工作,拖延挤奶时间。这不仅破坏了奶牛已形成的条件反射,使挤奶困难,还将造成产奶量大幅度下降。

8. 头几把奶不用专门容器盛装 挤出的头几把奶中常含有大量微生物,绝不能挤入奶桶,必须另放,以免引起大量正常的鲜牛奶受到破坏。

9. 挤奶设备消毒不严　挤奶设备卫生消毒不严是导致乳房炎难以控制的主要原因之一。所以，挤奶设备使用前后必须彻底清洗、消毒。

二、奶牛乳腺结构与挤奶次数

（一）乳腺结构

乳腺腺泡是乳房分泌奶的功能单位，由单层分泌细胞构成，并呈中空的球状结构，其外部被毛细血管和肌上皮细胞围绕着。分泌出的奶聚集在乳腺腺泡的内腔中。乳腺腺泡的功能为：①从血液中吸取养分；②将其养分转化为牛奶；③将牛奶分泌到乳腺腺泡的内腔中。

牛奶经集合管流出乳腺腺泡，最后汇集乳池中。乳房由几十亿个乳腺腺泡组成，泌乳反射时，乳腺腺泡的肌上皮细胞受催产素刺激而收缩，牛奶就被排入乳池中。

（二）挤奶次数

奶牛泌乳期内，牛奶的分泌是持续不断的。但当牛奶充满乳房容积的 80% ~ 90% 时，牛奶的生成停止。如果不及时挤奶，排乳速度即将减慢。所以，为了提高牛群产奶量，挤奶必须根据奶牛乳房形状大小与组织结构，产奶量的高低，以及其饲养管理等条件，采取适当的日挤奶次数。当前我国奶牛体型已有较大改良，乳房形状和组织结构一般较好。多数奶牛场（户）实行每天 3 次上槽 3 次挤奶的饲养制度。实践证明，3 次上槽 3 次挤奶，既符合奶牛瘤胃消化特点，又比 2 次挤奶增加产奶量 17.7% ~ 22%;3 次挤奶最佳的间隔时间为 8±1 小时。如奶牛日产奶量过低,也可日挤奶 2 次,2 次上槽,但挤奶间隔的时间不宜拉得过长或过短,其间隔时间以 12±2 小时为宜。当挤奶次数和间隔时间确定之后,一定要严格遵守挤奶时间,以免排乳反射受到破坏,影响正常泌乳。所以挤奶要定时、定点、定次序,要形成规律,长期不变。

三、挤奶方法

(一)手工挤奶

分为拳握法和压榨法。

拳握法是用双手的大拇指和食指紧握对角线两侧乳头基部,其余 3 指依次挤压乳头,形如握拳,类似犊牛吸吮,然后放松压力使乳汁再流入乳池中,这时另一手可挤另一乳头。这样将 2 个乳头挤空为止(图 5-1)。采用人工挤奶开始用力宜轻,速度稍慢(80 ~ 120 次/分钟),待排乳旺盛时速度应加快,平均每分钟挤奶量不少于 1.5 ~ 2 千克。中途不能停顿,尽量缩短挤奶时间,挤奶全过程力争在 5 ~ 7 分钟内完成。

乳头过短过小的奶牛,挤奶可用压榨法,即拇指和食指夹住乳头基部用力向下滑动挤奶。此法不卫生,也易损伤乳头,不宜采用。

拳握法挤奶容易引起挤奶人手指疲劳或肿胀。为预防手指患病,每天应捏手指 2 ~ 3 次,即用 1 手轻轻揉搓另 1 手,从手指末端至手臂,晚上睡前搓捏和用温水水浴。这除改善血液循环外,还可增加肌肉营养。

为了安全挤奶,减轻人的疲劳,挤奶姿势十分重要。正确

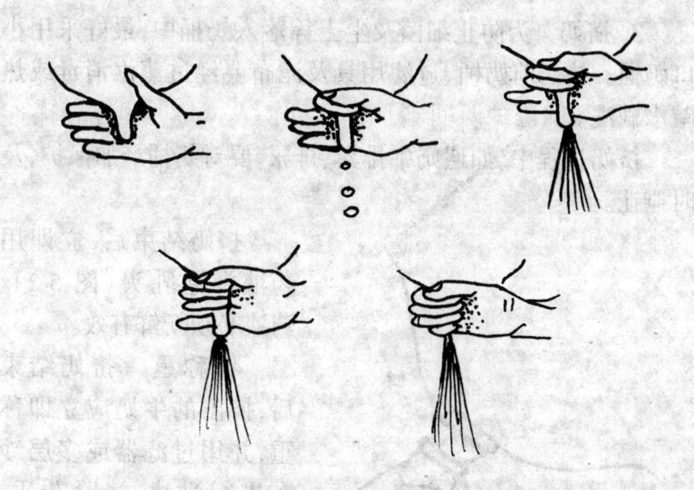

图 5-1　拳握法挤奶手指动作模式图

的姿势是:坐姿端正,精神集中,两腿夹桶,两臂向左右开张,不低头、弓背、弯腰,保持近于水平姿势。这样可防止背部、肩部和大腿的疲劳和疼痛,有利于双手有节奏地用力。

实行拳握法挤奶,挤奶操作的坐姿和手法是基本功。每次挤奶应遵守以下操作程序。

1. 检查乳房　把各乳区最初的头两把奶挤到带有黑罩的容器中,检查有无乳房炎发生,同时检查乳房乳头有无肿胀、受伤。如发现异常或患乳房炎,应将病牛分开饲养,另行处理。

2. 乳房清洗与消毒　挤奶前可用一次性纸巾清洗乳头。如乳房过脏,可先用少量含有消毒剂(2% ~ 3%次氯酸钠、0.3%新洁尔灭或洗必泰碘甘油)的温水(45℃ ~ 50℃)清洁乳房,然后用一次性纸巾擦洗乳头。对于环境污染严重或隐性乳房炎多发的奶牛场(户),挤奶前可用消毒剂浸(喷)乳头。

3. 挤奶 为防止细菌及尘土等落入奶桶中，最好采用小口奶桶。挤奶前奶桶、过滤用具及滤布要经过蒸汽消毒或热碱水刷洗。

挤奶过程中，如遇奶牛排粪、排尿，要对奶桶严加保护，及时避让。

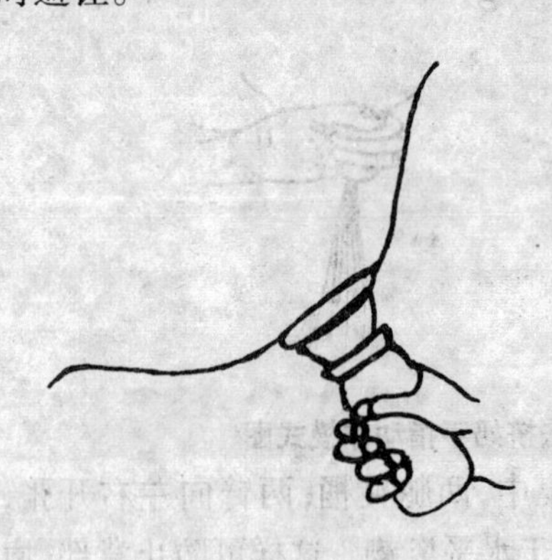

图 5-2 乳头药浴

挤奶结束后，立即用药液浸泡乳头（图 5-2）。药液必须新鲜有效。

4. 称重 挤奶结束后，挤出的牛奶应立即称重，并用过滤器或多层纱布进行过滤，清除杂质。过滤用的纱布每次用后应洗涤消毒。其方法是：用0.5%的碱水洗涤，然后再用清洁的水冲洗，最后煮沸 10～20 分钟杀菌，并放在清洁干燥处备用。初乳、病牛奶等不得混入正常牛奶内，应另行处理。

5. 认真做好产奶记录 根据中国奶牛协会规定，产奶母牛每月记录 3 次，每次之间相隔 8～11 天。

为衡量饲料报酬、产奶成本及管理水平，还应准确记录草料的消耗量，以便统计整理，总结生产经验。

（二）机器挤奶

1. 机器挤奶及其原理 挤奶机有提桶式、小型挤奶车、管道式、挤奶台式等多种类型。奶牛场（户）以选择提桶式（图 5-3）或小型挤奶车为宜。不管选用哪一类型挤奶机，首先应配有熟悉挤奶机结构的专业人员管理、维修、保养机器。另外挤奶工要事先培训，合格后方可上岗。

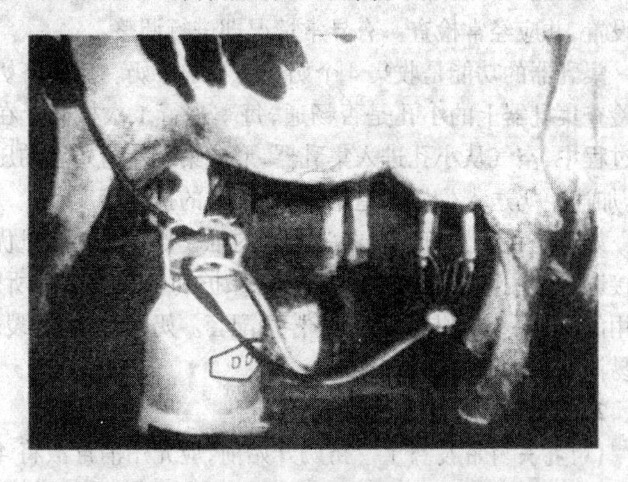

图 5-3　提桶式挤奶机

无论哪种类型机器，其原理都是模仿犊牛吮奶的生理动作。由真空泵产生负压，真空调节阀控制挤奶系统的真空度，脉动器产生挤奶和休息节拍，空气通过集乳器小孔进入集乳器，以促使牛奶从集乳器送到牛奶管道或桶中。

在挤奶过程中，挤奶真空（即奶衬与乳头之间的真空）度有一定要求，真空速率太高，易使乳头括约肌受损外翻，其开口处变硬；真空速率太低，会降低挤奶速度，奶杯易于脱落。所以，高位管道挤奶器真空压应保持在 49.1 ~ 50.8 千帕。低位管道挤奶器真空压应保持在 44 ~ 45.7 千帕。

脉动器脉动频率也有一定要求。频率太高会损伤乳头括约肌，细菌易侵入乳头；频率太低使乳头充血，均易诱发乳房炎。正常脉动频率每分钟 60 ~ 70 次。每周应测试 1 次脉动器的频率，维护和调整脉动器频率的稳定。

真空度和脉动频率应按生产挤奶机的厂商产品说明书进行设置，并应经常检查。有异常情况即进行调整。

集乳器的功能是收集4个奶杯挤下的牛奶。每次挤奶前应检查集乳器上的小孔是否畅通，每季进行1次检测。在挤奶过程中，空气从小孔进入集乳器，形成集乳器与奶管的压力差，加速牛奶送入牛奶管道中，保证正常的挤奶速度。

奶衬是挤奶器直接与乳头接触的惟一部件。其质量优劣直接影响使用寿命、挤奶质量、乳头保护和牛奶卫生。所以，选用的奶衬一定要与不锈钢奶杯相配套。奶衬老化、破裂后，不易清洗消毒，应及时调换。

2. 挤奶程序

(1) 乳头药浴及擦干 挤奶开始前，应先用消毒液将4个乳头3/4以上浸泡30秒钟，然后擦干。如不擦干，奶杯内胎前的闭空室压力会升高(乳头上有水分，外界空气进入不了)。这相当于奶杯上升，会压迫牛乳头根部，造成排奶困难。根部将出现一紫红斑痕，乳头会充血，造成乳头外翻，形成乳房炎，并给细菌进入奶中制造机会。

(2) 挤掉头几把奶 可刺激排乳，使牛乳头口微开，挤掉头几把奶中含细菌多的牛奶。同时，还可检查乳房的健康状况。挤出的头几把奶，必须用专门容器盛装，以减少对环境的污染。

(3) 套机挤奶 挤奶器压力应控制在44~45.7千帕，脉动器频率每分钟60~70次。不可过高或过低。挤出头几把奶之后如无异常，最好在10~20秒钟内将乳头杯戴上，每个乳头杯必须以滑动的方式戴上，并应尽力减少空气进入乳头杯上角。

(4)检查牛奶流速　检查每一个乳区流速，如有一乳区不流奶时，应取下挤奶杯，刺激该乳区，当流奶时，重新戴上开始挤奶。

(5)调整挤奶机的位置　只有挤奶机位置调整适当，才能快速完全的挤奶。一般前2个挤奶杯要比后2个挤奶杯高一些(前2个乳区小)并略微前倾，支撑臂应挂在真空管下面的调整架上，使之处于最适当的位置。挤奶杯若安装不适当，常会造成滑脱和乳流受阻，引发乳房炎。如发现空气进入挤奶杯，应重新调整挤奶机。挤奶杯内有空气可造成细小奶滴高速倒流，进入其他乳区。如果这些小奶滴被细菌污染，细菌即可趁机进入管内导致乳房炎的发生。

(6)正确卸掉挤奶杯　挤奶结束时，应先关掉真空泵，然后卸下挤奶杯，避免使用挤奶机挤干最后一滴奶。否则，容易增加乳头组织的应激和空气进入挤奶杯的机会，增加乳房炎发生的机会。

(7)乳头药浴　挤奶结束后，应立即用消毒剂浸泡乳头的2/3以上部分进行消毒。消毒要尽快完成。因为当挤奶完毕的几十秒钟内，乳头管是开放的，药浴后消毒剂将进入开放的乳头管内。当乳头括约肌收缩后，药液将进入整个乳头内(毛细现象)，使整个乳区形成一个封闭体系。及时进行药浴，可使消毒液附着在乳头上，形成一层保护膜，可以大大降低乳房炎发病率。常用的消毒剂包括：0.5%～1%洗必泰，3%次氯酸钠，0.3%新洁尔灭，0.2%过氧乙酸，0.5%碘伏，可选择使用。

3. 挤奶器的保养与清洗

(1)挤奶器的保养

第一，奶杯组合应每周拆卸1～2次检查和清洗。奶杯清洗消毒顺序:清水冲洗→热水清洗→消毒液浸泡→清水冲洗。

第二,挤奶器整体每月应检查1次。

第三,真空泵四周环境应无尘土、蛛网、饲草碎屑等。注意防护罩的有效作用。

(2)挤奶器清洗

①提桶式挤奶器的清洗　一是挤奶后,立即用清水漂洗所有器皿,除去表面残奶;二是拆开挤奶器,将奶杯、内衬、提桶盖、连接管等浸泡于加有专用洗涤剂温水中3~5分钟,并用毛刷刷洗表面,以确保有效清洗;三是用清水将洗涤剂冲洗干净;四是将洗净的奶桶、奶罐等器皿倒置于专用支架上,通风干燥;五是每周清洗真空管路1次,以防污染、堵塞,方法是用软管吸入清洗剂,从隔离罐底部流出,避免水吸入真空泵。

②管道式挤奶器的清洗

第一,先用清水冲去挤奶桶及管道中的残奶。

第二,每次挤奶后,用70℃~80℃的热水加碱液及消毒剂循环流动8~10分钟。

第三,每周使用70℃~80℃的热水加酸液清洗1次。

第四,用清水漂洗,冲掉洗涤剂和消毒剂。

第五,每周检查挤奶器所有胶垫,必要时进行更换。

③挤奶台式挤奶器的清洗

第一步,预冲洗。用35℃~45℃温水直接冲洗,除掉奶管道中残留的奶液。直至水清无白色为止。

第二步,碱洗。洗涤剂为1%纯碱溶液,pH值11,温度40℃~80℃,清洗时间为5~8分钟。采用循环冲洗方式。每日3次。可清洗脂肪、蛋白质、矿物质等。

第三步,酸洗。洗涤剂为含1%漂白粉或氯制剂溶液,pH

值4,温度35℃~45℃,清洗时间为5~8分钟。采用循环冲洗方式。每周2~4次。可清洗矿物质等。

第四步,后冲洗。用常温清水清洗,清洗时间5分钟,不循环。可冲掉残留的酸碱溶液。

四、生鲜牛奶的冷却、贮存与运输

刚挤出经过滤的生鲜牛奶温度略低于牛的体温,是细菌繁殖的适宜温度,不宜在场(户)内长期贮存。应尽快将生鲜牛奶做降温处理,以抑制细菌的繁殖,延长牛奶保存时间。

(一)生鲜牛奶的冷却

常用的生鲜牛奶冷却方法有以下几种。

1. 自然冷却 即利用较低的气温,如冬季刚挤出的鲜牛奶放到室外。夏天可放入冷水池中镇一镇,使其温度越低越好。

2. 冷水法 利用冷水冷却生鲜牛奶,是一种最普通简单的方法,也是很有效的一种方法。在没有制冷设备的奶牛场(户)把牛奶冷却至18℃,也能使鲜牛奶保存12小时后酸度不超过20°T。但在12小时内必须把鲜牛奶运至收购单位。

利用水池的冷水冷却生鲜牛奶,水池的大小与深度,可根据桶的数量与大小而定。一般冷水的进口应在水池下部,而冷水出口应与奶桶肩部同高。池的底部用木框垫起,离池底10厘米的距离,以使奶桶底部接触冷水迅速冷却(图5-4)。水池的进水口放在池底,可使池水不断更新,池中水量应为冷却牛奶量的4倍。另外,池面有防止奶桶浮起的设备,以免不满的奶桶浮起混入冷却水。利用这种水池冷却牛奶,最初几小时为了加速冷却和上下层奶温平衡,应对牛奶进行多次搅拌，以使奶温均匀下降。水池每隔3天应彻底洗净后，再用石灰溶液洗涤1次。

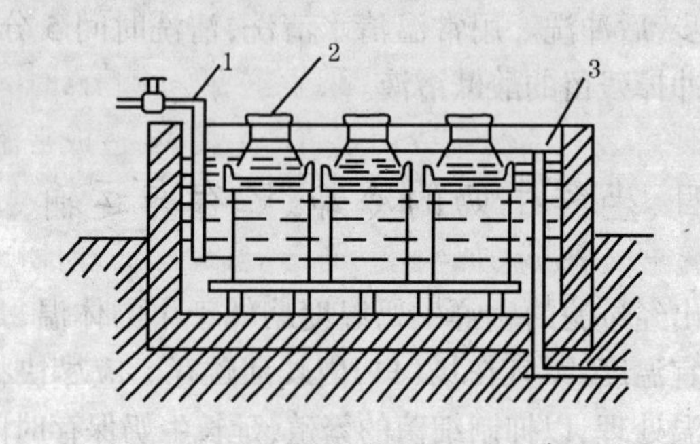

图5-4 最简易的牛奶冷却设施

1. 冷水放入管 2. 奶桶 3. 溢水管

除上述外，还可在水池中加入冰块，以便加速生鲜牛奶温度的下降。

3. 冷却器(冷排)法 冷却器是由金属排管组成。生鲜牛奶从分配槽底部的细孔流出，形成薄层，通过冷却器的表面再流入奶槽中，冷却剂(冷水或冷盐水)从冷却器的下部自下而上通过冷却的每根排管，以降低沿冷却器表面流下的鲜牛奶的温度。这种冷却器适于小规模奶牛场(户)使用。但其缺点是：牛奶暴露于外界，污染机会多。

4. 浸没式冷却器法 这种冷却器可插入贮奶槽或奶桶中以冷却生鲜牛奶。浸没式冷却器中带有离心式搅拌器，可以调节搅拌速度，并带有自动控制开关，可以定时自动进行搅拌，所以可使牛奶均匀冷却，并防止乳脂肪上浮。

(二)生鲜牛奶的贮存

低温是贮存生鲜牛奶的关键措施之一。冷却后的牛奶应在贮奶槽或冷热缸贮存。贮奶槽的总容量应为日产奶量的2倍。贮奶槽要具有良好的绝热性能,牛奶在其中24小时内温度升高不超过2℃。要带有搅拌器,在贮存中不断搅拌,可保持奶温均匀,并可防止乳脂肪分离。但生鲜牛奶的贮存时间不宜超过24小时,以免一部分嗜冷菌繁殖产生酶类,造成常温奶发苦。

贮奶槽使用前要彻底清洗、消毒,待冷却后才能贮入牛奶。每槽须放满,并加盖密封。贮奶期间要开动搅拌机,每隔一定时间还应检查奶的酸度。如酸度升高,应及时处理。

(三)生鲜牛奶的运输

生鲜牛奶运输是奶牛生产的一个重要环节。运输不当会受到很大损失。生鲜牛奶最好使用奶槽车运输。如果有的奶牛场(户)目前使用奶槽车有困难,仍使用奶桶运输的,为防止运输途中牛奶变质,应按以下要求办理:①奶桶最好装满盖严,不要用纸张、杂物做奶桶盖上的衬垫;②防止震荡;③为防止升温,夏天应安排在早晨或夜间运输,并用隔热材料遮盖奶桶;④尽量缩短运输时间。

五、生鲜牛奶销售

奶牛场(户)销售的生鲜牛奶必须保证质量标准,绝不可销售不合格鲜牛奶。只有不断提高销售鲜牛奶的质量,才能在市场上立于不败之地。

鲜牛奶的销售是奶牛场(户)的主要收入,一般约占总收入的80%以上。所以,奶牛场(户)应由事业心强、业务精的专管人员分管鲜牛奶销售。销售人员通过各种宣传方式,宣传自己的产品;应经常调查市场对鲜奶的质量及数量要求,使好奶卖出好价。

(一)生鲜牛奶的等级与价格

目前,对鲜牛奶质量检测与价格大体分四种: ①检测杂质、密度、酸碱度,以确定等级; ②以脂论价,除检测密度和酸碱度外,使用脂肪测定仪检测牛奶乳脂率,按乳脂率高低划分等级计价; ③检测非乳脂固体(蛋白质、乳糖等)的含量,计算出总干物质含量,定出标准奶价,分别加权计算,列出数据变动计算表,作为分级定价的依据; ④除上述理化指标外,并进行细菌总数、体细胞数等生物指标及药物残留检验,分级计价,严重超标者拒收。

水牛和牦牛奶,因其干物质及各营养成分都比荷斯坦牛高。所以水牛和牦牛奶出售价格应比荷斯坦牛的高。例如,广东省南海市水牛奶收购价是荷斯坦牛奶的 2 倍。

1. 等级 根据理化和微生物指标,生鲜牛奶一般分为以下 3 个等级(表 5-1)。

表 5-1 生鲜牛奶分级标准

项 目		特 级	一 级	二 级
密度(4℃)	≥	1.030	1.029	1.028
脂肪(%)	≥	3.20	3.00	2.8
酸度(°T)	≤	18.0	19.0	20.0
总乳固体(%)	≥	11.70	11.20	10.8
汞(以 Hg 计,毫克/千克)	≤	0.01	0.01	0.01
细菌总数(万个/毫升)	≤	5	10	20

2. 价格 生鲜牛奶的价格多数实行以质论价。目前各

地区及乳品加工厂分级定价标准不尽相同。一般是以脂肪和蛋白质含量作为论价基础,再根据卫生指标分级进行加价或降价。

(1)基础指标价　基础指标价是以牛奶的理化成分指标论价。主要是指脂肪、蛋白质、乳糖的含量,也有以非脂固体或总固体来衡量。一般采用脂肪和蛋白质单位价,预设单位价比例。例如,某地牛奶基础价设定为2.5元/千克,脂肪和蛋白质单位价比例各为50%。如收购标准含脂肪为3.1%,蛋白质为2.95%,则每1%的脂肪单位价为0.4032元,蛋白质单位价为0.4237元。如某奶牛场(户)产的牛奶含脂肪为3.25%,含蛋白质为2.9%,则生鲜牛奶收购价为:

$$1\text{千克牛奶价} = (0.4032\text{元} \times 3.25) + (0.4237\text{元} \times 2.90)$$
$$= 2.54\text{元}$$

(2)根据细菌指标划分等级　根据牛奶中细菌含量划分等级,并以级别定出加价或扣款标准。如上海市特级生鲜牛奶细菌总数每毫升≤10万个者,每千克鲜牛奶加价0.04元。如生鲜牛奶细菌总数每毫升含10万~50万个,则为一等生鲜牛奶,可作为正常生鲜牛奶收购,不加价,不降价。二等生鲜牛奶每毫升生鲜牛奶含细菌51万~100万个,则降价0.04元。

(二)与收购单位签订购销合同

一般为1年期。双方要信守购销合同,公正客观地检测牛奶质量,按质计价,按时兑现奶款。签订合同,双方享有各自应尽的义务和权利,并受到法律保护。

（三）收购单位让利于奶牛场（户）

收购单位用获取的利润返还一部分给奶牛场（户），是双方获利的一种好办法。例如，以优惠价格收购鲜牛奶，按交售奶量的多少实行利润返还等等。

（四）禁止销售未加工及病牛的生鲜牛奶

散装奶存在许多安全隐患，患有乳房炎和其他传染病牛生产出的生鲜牛奶，对消费者有很大的危害，坚决不可上市销售。

第六章 不断提高经营水平

畜牧业生产,盈不盈利靠防疫,赚多赚少靠经营管理。经营的好坏决定着奶牛场(户)的效益。经营者要在实践中不断总结经验,克服因社会化服务体系不够完善所带来的困难。只有这样,才能把奶牛场经营好,永远立于不败之地。

一、在经营方面的误区

奶牛场(户)是以赢利为目的生产鲜牛奶为主的经营实体。作为一个奶牛场(户)经营者,牛群规模、牛群质量、产品质量和牛群效益,是需要经常反复考虑的四大问题。但根据调查,奶牛场(户)在经营管理方面,存在不少误区,值得研究探讨。

(一)不预测经济效益

1. 过高预测经营效益 相信不切合实际的宣传。如有人说,农户养1头奶牛1年可赚4 000~5 000元,有的甚至赚到6 000元。所以,农户争先恐后地饲养奶牛,筹建奶牛场(户)。实际上,算法有问题,农户养牛劳力未计入成本,还有一些折旧、如买牛的钱不折旧,饲料自产,饲料费未计入成本。如果把这些都计入成本,养1头奶牛1年挣5 000~6 000元是不切实际的。据农业部资料,每头奶牛1年仅盈利2 000~3 000元。所以,宣传一定要实事求是,不然会使农户产生误解。

2. 办场准备不足,仓促上马　有些人没有做好充分准备就把奶牛买回来。在缺少场地、缺少草料的情况下,操办奶牛场(户),成功率是很小的。也可以说肯定要失败。

3. 片面追求规模效益　不少奶牛场(户),强调奶牛头数,忽视牛群质量,重视牛群总产,轻视牛群平均单产。不言而喻,牛群中低产牛占的比例愈大,平均单产愈低,其经济效益越不好。为了提高奶牛场(户)经济效益,应提倡适度规模。

4. 不重视向综合管理要效益　目前奶牛场(户)以提高群体产奶量为目标,向产奶量要效益是对的。但忽略了以下两个问题:其一,全群平均胎次逐年降低,使奶牛终生产奶水平没有完全体现出来,失去了育种价值和品种特征;其二,发病率提高,这除加大开支和牛奶质量受损外,是不符合鲜奶生产标准的。所以必须走产量、质量并举的办场方针。

5. 只有一笔心里账　许多奶牛场(户)只有一笔心里账,只知道收入多少钱,花了多少人工费和饲料费。所说的赚与赔,没有真实记录,有时赚与赔出入很大。所以一定要学会经营成本核算。

(二)在生鲜牛奶销售方面的误区

1. 牛奶掺杂使假　有个别奶牛场(户),受诸多因素的影响,为追求高利润,有时在鲜牛奶中掺假。不仅影响加工产品的质量,而且危害了广大消费者的利益和健康。根据规定,凡掺水、掺杂、掺入有毒、有害物质和变质的牛奶,收购部门都可拒收。这样,奶牛场(户)辛辛苦苦的劳动成果,不是化为乌有了吗? 所以,这是一种既害人,又害己的行为。

2. 自产自销生鲜牛奶　生牛奶,即未经消毒的牛奶,很适宜多种微生物生长繁殖。如挤出的生鲜奶不消毒，消费者饮用后可引发食物中毒或各种疾病，对人体健康危害极大。为了维护人民健康，世界各国规定，上市生鲜牛奶必须进行严格消毒。我国食品卫生标准 CB 2707—2763—81《关于乳及乳制品卫生管理办法》第五条规定“生牛乳禁止上市出售”。所以，奶牛场(户)在任何情况下绝不能自产自销生鲜牛奶。

二、经营目的与规模

(一)经营目的

经营奶牛场(户)首先要明确经营目的，是专门生产牛奶，还是以繁殖良种奶牛为主，或者是多种经营。这是首先要明确的。不论以哪一种经营目的为主，经营的目的一定要符合国家和市场的需要，同时具有良好的经济效益。为了实现经营目的，在市场调查基础上，应充分调查当地可利用的资源条件，有哪些资源可以利用，哪些资源还不具备，有无实现经营目的的可能性，实现经营目的的最大障碍是什么，有无克服的可能，等等。当情况了解后，如确能实现经营目的，方可投资建场。

(二)经营规模

经营规模一般取决于以下几个条件。

1. 奶牛有无来源 奶牛的来源很大程度上决定奶牛场(户)今后的生产水平。因此，开始时应引进良种奶牛，以后可逐渐过渡到以改良本地牛为主。

2. 有无土地资源 选择适宜的场址至关重要。场址必须符合建场址条件，远离工业区和污染源。

3. 有无饲料资源 奶牛每天需要大量的饲料和饲草，尤其是青粗饲料一定要供应充足。建场开始可用野草和农作物秸秆，以后要有计划地种植牧草、青贮玉米或其他饲料。

4. 有无水资源 奶牛每昼夜需水120～150升。所以，必须有充足的清洁、优质、无污染的水源。

5. 有无劳力资源 目前农村有大量的剩余劳动力，奶牛场(户)用工一般不难解决，但应有一定的文化和敬业精神。

6. 有无可靠技术力量 奶牛生产技术性较强，经营者最好自己掌握奶牛生产技术。奶牛场规模大，还要请专业畜牧与兽医人员担任奶牛饲养管理、育种、繁殖及疾病防治等方面的技术工作。如奶牛场规模小，也可请当地畜牧兽医站上门服务。

7. 有无资金来源 资金可自筹，银行适当给予信贷加以解决。因为饲养奶牛天天有收入，流动资金周转快，还贷的能力较强。

从当前看，特别是在农民的经济状况不太富有的情况下，虽然经营积极性高，但缺乏办场经验，技术力量薄弱，再加上牛源缺乏，奶牛场的规模一般不宜过大，应从小场办起，积累经验，逐步扩大。其规模大小，可根据市场的需求，结合自己的条件，选择获得最佳经济效益的规模为好。据中国奶业年鉴(2003)记载，当前奶牛饲养以小规模生产、分散的农户饲养为主，户均饲养规模为3～5头。饲养奶牛数量在20头以上的规模经营比重不到1/4。即使是奶业大省如黑龙江省，规模经营的比重也仅为35%左右。

三、经营模式与经济效益

（一）经营模式

由于奶牛饲养分散，组织化程度低，小生产与大市场的矛盾依然突出。相当一部分生产者没有与加工企业建立牢固而稳定的合同关系，不利于鲜牛奶的销售和贮运。所以，目前多数地区以利益对接为核心，大力推行“公司+农户”模式，通过服务机制、契约机制以及股份合作机制等方式，加快利益对接步伐，形成利润共享、风险共担、互惠互利的合作机制，切实保护企业和农户的利益。鼓励龙头企业通过向鲜牛奶生产者提供技术服务、原料供应、贷款担保以及出资建设奶站等措施，加快奶业产业化发展进程。

为了改变人、牛共居和推广机器挤奶，突破庭院经济的局限，奶牛适度规模饲养小区的经营应运而生。其形式多种多样。

1. 联合共建方式 由龙头企业与村委会共同协商，由村提供场地并建立牛舍和挤奶厅，企业提供挤奶机械、冷奶槽、发电机组设备，养牛户自愿申请到场养牛，从交奶款中分散支付房租、水电费和占地费等，饲养场管委会负责日常管理，提供配合料、疫病防治、配种、鲜奶收购等服务。

2. 以场带户 国有奶牛场为核心，带动周边奶牛场（户），发展规模化饲养。成片建牛舍，统一供水、供电，划拨土地种植饲草饲料，并提供技术服务和收购鲜奶，农户集中养奶牛。

3. 以站带户 以服务站为依托，向农户提供产前、产中、产后有偿服务，形成适度规模经营。服务项目包括统一配种、防治疫病、统一制作青贮、分片集中挤奶、统一交售原料奶以及其他社会化服务。

4. 租赁经营 由私人向乡（村）长期租用场地，建设规模饲养场（牛舍、住房等），招商引牛，吸纳附近和外地养牛户入驻，按牛、按期向经营者交纳使用费（租金），双方订立合同，以保证双方履行的权利和义务。

5. 委托经营 在奶源基地建立起规模饲养场，吸纳社会投资人出资买牛交给饲养场经营管理，或出资委托经营者代为买牛，并负责经营，年终根据经营状况按比例分红，人们称它为“托牛所”。

（二）经济效益

实践表明，建立奶牛适度规模饲养小区，牛群集中，便于开展科学养牛，进行选种选配，疫病防治，制备青贮，尤其为推行机械挤奶提供了适宜的场所。奶牛实施适度规模饲养小区，其科技含量一般高于散户饲养 10%以上，产奶量增加，质量提高，生产成本降低，因而农户所得的比较效益普遍提高；企业拥有了优质原料奶，为奶品企业创名牌提供了保障，增加了市场竞争力。此外，小区通过对粪便及时加以清理，进行厩肥还田，沼气利用，以及其他无害化处理等，减少污染，对于环保和创造良好的生态环境非常有利。由此可见，奶牛适度规模饲养小区具有广阔的发展前景。

四、目标管理

目标管理是经营管理的核心。根据市场要求，为了获得良好的经济效益，必先制定全年牛奶的产量、质量和成本等目标。

（一）产量和质量目标

全年产量和质量目标的制定是实施目标管理的中心，也是奶牛场各项指标能否实现的具体反映。

产量目标是根据成年母牛群的年龄、胎次结构、产犊月份的分布、后备母牛当年转群时间和头数，并考虑饲料供应，各月气候等环境因素的影响，拟定全年各月的产量计划。

随着广大居民对牛奶质量要求日益提高，在制定出场牛奶质量标准时，一定要符合国家标准，如乳脂率、乳蛋白率和非脂固体含量等要达标，药物、抗生素、黄曲霉素等残留量不得超标。

（二）目标规划

目标规划是指奶牛场（户）为达到产量、质量和效益三者总的计划。包括牛群健康管理、育种、繁殖、后备牛培育及牛群结构等方面的目标和规划。例如，健康管理方面应包括犊牛成活率、成年牛发病率和死亡率等；在育种方面，应包括引进优良种牛，并根据母牛群情况提出改良方案，年度遗传进展，每年产量递增率等；在繁殖方面，繁殖成活率应达到85%，产犊间隔385～400天，高产牛不超过450天，后备牛初配月龄应为16个月，体重380～400千克；在牛群结构方面，成年母牛占总头数的60%～65%，其中1～2胎母牛占成年母牛总头数40%，3～5胎占40%～45%，全群胎次平均3.5胎，牛群更新率在20%左右。

(三)成本控制目标管理

降低生产成本是反映奶牛场经营活动有无竞争力的重要方面。在提高产量、保证质量的同时,一定要千方百计降低成本。其中必须拟定年度犊牛、育成牛的饲养成本,千克鲜奶成本。要把各项成本分解,落实到饲料、兽药、工资、运输、水电、维修、低值易耗品、仓储、企管、财务,共同生产和管理,以及牛舍、奶牛等固定资产折旧费等。并要求将这些生产有关的项目指标层层落实,任务到人。

饲料是牛奶生产总成本中的重点,一般占60%左右。从采购(种植)、加工调制、贮存和利用,都应进行科学管理和准确计算。加强对饲料采购价格、质量、贮存、加工、收发工作的管理,确保优质、低价、账实相符。

五、生产管理

奶牛场(户)的中心任务是生产。为了使牛场(户)如期达到预期目标,必须以人为本,有效地组织和管理生产,促使有限的人力、物力、财力产生最大的效率。

(一)管理机构

管理机构一般取决于奶牛场(户)经营目的和规模。如饲养奶牛3~5头,可由夫妻2人手工作坊式经营。饲养20~50头奶牛的小型奶牛场(户),则应聘请工人。饲养奶牛100~200头的场(户),则应聘请专业畜牧与兽医技术人员。饲养400头以上成年母牛的奶牛场(户),由于管理环节多,工作复杂,则应设经理、技术经理和管理经理。下设财务、采购、仓管、班组长及技术工人若干人等。

奶牛场(户)管理机构必须精干,多1个人是浪费,少1个人是空缺。在人员配备中,一定要有兽医与畜牧技术人员。兽医是奶牛场(户)的保护者。奶牛技术人员开展奶牛的选种和育种,是投资少而成效高的一项技术工作,在所有条件不变的前提下,仅仅搞好选种工作,平均每头牛每年可净增产奶量400~500千克。由此可见,奶牛场经营中技术力量是不可缺少的。

(二)劳动管理

为充分调动饲养管理人员的积极性,使各生产环节生产有序,保质保量地完成生产任务,奶牛场(户)必须建立一套完善的规章制度和合理的劳动定额。

1. 出勤制度 由班组负责,由本人或专人每天进行班前班后打卡,记录迟到、早退、休假等,并作为发放工资、奖金、评选先进工作者的重要依据。

2. 劳动纪律 根据各工种劳动特点制定劳动纪律。凡影响安全生产和产品质量的行为,都应制定出详细奖惩办法。

3. 学习制度 为保证奶牛生产的数量和质量,提高劳动者的科技素质非常重要。对挤奶工和饲养员进行岗位技术培训和技术讲座,并进行适当的考核。

4. 劳动定额 劳动定额要合理,做到责、权、利相结合,充分体现按劳分配的原则,使完成任务的好坏直接与个人的经济利益挂钩。

根据当前奶牛场(户)生产水平,各工种劳动定额如下。

(1)饲养工 负责牛群饲养管理工作,包括观察牛群健康状况、饲喂、刷拭、清理粪便及褥草。饲养定额一般为:犊牛

30头以上，成活率95%；育成牛40头，成活率99%，日增重达规定指标；成年母牛25～30头。

(2)饲料工 每人每天负责送饲草5 000千克，碾压谷物饲料3 000千克。按配方配好精饲料、矿物质补充料和维生素补充料，并负责分发到各饲养车间。

(3)挤奶工 负责挤奶、乳房护理和协助观察母牛发情。手工挤奶每人负责10～12头产奶牛，平均年产奶6 500千克以上的可适当减少。机器挤奶每人负责20～22头奶牛。

(4)产房工 负责全年接生犊牛。每人每月平均负责管理分娩前后母牛8～10头，保证安全无事故。

(5)清杂工 负责清洁牛舍、饲槽、运动场，清理粪尿及脏物等，还应学会观察牛群健康。

(6)奶品工 每人每天负责鲜奶处理和销售1 000千克。清洗盛奶用具。鲜奶的损耗率不高于1.5%。

(7)人工授精员 每人负责250～400头成年母牛的人工授精工作。要求育成母牛情期受胎率(指妊娠母畜对配种情期数的百分率)不低于65%，成年母牛不低于50%，全年繁殖成活率不低于95%。

(8)畜牧与兽医技术人员 全面负责落实牛群饲养管理技术，拟定日粮配方，制定选种选配方案，传授技术知识，填写牛群档案和各项技术记录以及疾病防治等工作。

(9)销售人员 负责产品销售，及时向领导汇报市场信息，协助监督产品质量。

(10)经理 组织协调各部门工作，监督检查落实牛场各项规章制度，全面负责牛场的发展及制定年度计划等。

（三）建立日报制度

生产记录包括每天每头牛产奶量、牛群变动情况（出生、死亡、淘汰、转群、购入、售出等）、配种受孕情况、疾病及防治记录等。经营方面主要包括牛奶的收入、其他收入、固定资产添置和折旧情况，以及其他发生的一切费用，饲料的购入及消耗情况。

六、计划管理

奶牛场（户）的计划管理主要包括配种产犊计划、牛群周转计划、饲料计划、产奶计划和选配计划等。

（一）配种产犊计划

配种产犊计划是制定牛群周转计划的依据和制定计划管理的基础。主要是计划年度内全场各月配种和产犊的数量。

制定配种产犊计划必须掌握以下情况：①年初适繁母牛头数；②年内初配育成母牛头数；③上半年度妊娠母牛头数及分娩日期。然后编制年度内计划，拟定各月份应交配的母牛头数和初配的育成母牛头数，以及各月份出生的犊牛头数。

荷斯坦母牛妊娠期为 280 天左右，理想目标是 1 年产 1 犊，母牛分娩后到再妊娠的时间平均为 85 天。但实际上，当年第一季度未受孕的母牛，翌年才能分娩，所以，编制计划年度内产犊计划应向前推移一个季度（即上年 2 ~ 4 季度受孕牛加当年第一季度受孕牛）才是计划年度内应产的犊牛头数（表 6-1）。

表 6-1　配种产犊计划表　（单位:头）

项　目	月份												全　年
	1	2	3	4	5	6	7	8	9	10	11	12	
上年妊娠母牛数													本年计划产犊数
本年计划妊娠母牛数													
本年计划配种数													
成年母牛数													
育成牛													

（二）牛群周转计划

牛群周转计划是奶牛场（户）完成生产任务、计算牛奶产量的依据之一，也是制定饲料计划的依据。制定牛群周转计划，首先应确定牛群的发展规模，然后才能安排各类牛的比例。

在编制牛群周转计划时，需掌握以下资料：①年初各类牛群的头数；②年内繁殖成活犊牛数；③年内淘汰、出售头数；④年内转入（调入、购入）头数；⑤年末要求在群牛头数。

在牛群周转计划表内，各类牛群年初头数加年内增加头数，再减去年内减少头数，即为年末头数。年内增加栏与年内减少栏反映计划期内牛群的变化情况。年初头数与年末头数对比，反映整个年度牛群的变化结果（表 6-2，表 6-3）。

表 6-2　牛群月周转变动表　（单位:头）

月份	成年母牛				初孕牛				育成母牛				犊　牛			
	月转初入	出售	死淘	月末	月转初入	出售	死淘	月末	月转初入	出售	死淘	月末	月转初入	出售	死淘	月末
1																
2																
3																
4																
5																
6																
7																
8																
9																
10																
11																
12																

表 6-3　牛群年周转计划表　（单位:头）

牛　别	增　加				减　少				计划年终达到头数	平均饲养头数	饲养日
	出生	转入	调入	购入	转出	出售	淘汰	死亡			
成年母牛											
初孕牛											
育成牛											
犊　牛											
计划出生											
合　计											

(三)饲料计划

饲料计划是根据牛群周转计划、产奶量、所需饲料的种类与数量等来确定的。

计算各类牛群饲料需要量是按各类牛群年饲养头日数(即全年平均饲养头数×全年饲养日数)分别乘以各种饲料的日需要量,然后把各类牛群需要某种饲料的总数相加,再增加10%~15%的耗损量,即为全场全年该种饲料的总需要量。

奶牛的干物质进食量通常为体重的3%~3.5%。典型日粮组成玉米青贮占1/3,青干草占1/3,精料占1/3。

例如:1头650千克的成年母牛日需优质粗饲料13千克,加上15%耗损率,应为14.95千克,近似15千克。全年共需粗饲料(15千克×365天)5 475千克(表6-4)。

表6-4 饲料计划表 (单位:千克)

饲料名称	折成母牛饲养日*	头日平均需要量	头年平均需要量	全群全年需要量
玉米青贮				
青干草				
块根、块茎类				
精饲料				

* 换算方法:4头犊牛相当于1头成年母牛,2头育成牛相当于1头成年母牛,1头初孕牛相当于1头成年母牛

(四)产奶计划

产奶计划是促进生产、改善经营管理的一项重要措施。制定产奶计划要掌握每头母牛的年龄、胎次、上胎产奶量、分娩日期、预定干奶期以及饲养条件等。

产奶计划是根据每头妊娠母牛分娩日期逐头逐月制定的，然后相加，即为全年产奶计划。

制定产奶计划，可参照上胎的泌乳曲线图，作适当调整修改(表 6-5)。

表 6-5　产奶计划表　（单位：千克）

牛　号									
胎　次									
上胎产奶量									
最近配种日期									
预计分娩日期									
产奶计划	1月								
	2月								
	3月								
	4月								
	5月								
	6月								
	7月								
	8月								
	9月								
	10月								
	11月								
	12月								
本年度总计									

(五)母牛选配计划

根据本书第二章有关同质选配或异质选配的原则,制定选配实施表(表6-6)。

表6-6 选配实施表

母牛号	优缺点	首选与配公牛(号)	第二与配公牛(号)	预期效果

七、技术管理

技术管理是提高奶牛产奶量、质量和经济效益的关键。为了实现奶牛场(户)的管理目标,只有不断采用先进技术,包括日粮配合、饲料加工调制、饲养工艺的改进、先进挤奶设备的应用、育种方案的制定、选种选配的实施以及牛群福利管理等,才能确保各项技术目标的实现,获得理想的经济效益。技术管理包括的主要内容分述如下。

(一)建立技术档案

建立技术档案是奶牛场(户)技术管理的一项基本工作。为此,平时一定要做好技术数据的汇总与分析工作,并实事求是地加以总结。总结出的生产经验,是最宝贵的技术资料,也是不断改进生产技术,提高奶牛生产性能的有效措施。

(二)制定技术规范,实行技术监控

目前国家和地方已公布有多种技术规范。其中专供奶牛生产专用的主要有:中华人民共和国国家标准《奶牛场卫生及检疫规范》GB 16568—96,中华人民共和国专业标准《高产奶牛饲养管理规范》ZBB 43002—85,以及上海编制的《奶牛生产技术规范及技术要点》等,均有很好的应用价值。为此,建议最好应用这些技术规范,结合本场条件制定自己的技术规范,并在不断总结经验基础上,不断充实和完善。

技术监控要认真执行,及时解决生产中的技术问题。

(三)技术培训

积极开展岗位技术培训工作是提高劳动者素质的一项重要措施。及时引进和开发新技术,对提高奶牛场(户)生产技术水平非常重要。

八、工作日程及各季度工作要点

奶牛场(户)的生产比较繁杂。为了使工作忙而不乱,有序地进行生产,安排好工作日程和各季工作要点极为重要。必须妥善安排,精心实施。

(一)工作日程

安排工作日程一般是根据饲养方式、劳动组织形式、挤奶次数、饲喂次数、牛群大小和不同季节等要求制定。一般应围绕挤奶次数和有利于人、牛的休息进行安排。

挤奶次数与产奶量的高低具有密切关系。我国普遍实行

3次挤奶。3次比2次挤奶多产奶10%~25%,且乳脂率高0.12%。如每天挤奶3次,按习惯很自然地就安排3次上槽饲喂。每次挤奶间隔的时间(小时)根据上海市牛奶公司测试结果,挤奶间隔时间长,产奶量多,与此相应的脂肪含量却降低。所以,在一般情况下,为照顾工人生活习惯和奶牛生理3次挤奶多安排在早7点,下午2点和晚上9点,日产奶超过30千克,可增加1次挤奶(表6-7)。

表6-7 奶牛车间工作日程表

工作时间(时.分)	工作项目
7.00~10.00	饲养工、挤奶工上班,进牛,挤奶,饲喂,放牛,下班;奶品工收奶、称重、清理用具、牛奶冷藏等;配种人员安排配种,兽医进行病牛诊断治疗
8.00~11.00	清杂工上班,清理运动场、牛舍、饲槽,清除粪尿、褥草等,下班
10.00~14.00	牛群自由活动、休息、反刍、自由采食和饮水;配种人员观察发现发情母牛
14.00~17.00	饲养工、挤奶工上班,进牛,挤奶,饲喂,刷牛,放牛,下班;奶品工收奶,称重,清理用具,牛奶冷藏等;配种人员安排配种,兽医进行病牛诊断治疗
17.00~19.00	清杂工上班,清理牛舍、饲槽,清除粪尿及脏物,清理运动场,下班
17.00~21.00	牛群自由活动、休息、反刍、自由采食和饮水;配种人员观察发现发情母牛
21.00~23.00	饲养工、挤奶工上班,进牛、挤奶、饲喂、放牛,下班。奶品工收奶、称重、清理用具、牛奶冷藏等
23.00~24.00	清杂工上班,清理牛舍、饲槽及粪尿脏物,下班
24.00至翌日7.00	牛群休息、自由活动、自由采食和饮水;值夜班人员夜间巡逻观察牛群

根据上述安排，挤奶工、饲养工、奶品工每天3次上班，全天劳动8小时。

工作日程一旦确定，应相对稳定，不可随意变动。否则，奶牛已建立的条件反射，就会遭到破坏，正常泌乳功能受到不良影响，不利于奶牛有规律地生活与生产。但季节变换或生理状况变化时，牛群工作日程可作适当调整。

犊牛、育成牛、初孕牛车间及产房的工作日程，可在产奶牛工作日程中灵活安排。

（二）各季度工作要点

1. 春季　每年初首先要落实全年生产计划，并落实到人。春季气温逐渐变暖，气温上升，在正常年景下，奶牛产奶量开始增长。所以，应抓紧时机，加强饲养管理，充分发挥奶牛产奶潜力。春季是细菌、蚊蝇孳生季节，因细菌芽胞和蚊蝇虫卵正处在萌发状态，此时应进行环境消毒灭菌，并进行防疫检疫工作（结核、布鲁氏菌病检疫），接种炭疽芽胞、气肿疽菌苗。清理运动场积粪，更换新土。

2. 夏季　奶牛怕热不怕冷，夏季高温对奶牛产奶量、繁殖性能和抗病能力都带来极大的不利影响。所以，夏季（除少数地区外）奶牛的饲养管理应以防暑降温为主。同时，6月底也是检查年产奶量是否完成任务的季节。因受季节影响，上半年产奶量一般比下半年高。所以，上半年的任务应超半（60%左右）。如低于60%，即应尽快研究对策，采取有效措施。此外，夏季也是牛群多发病季节，尤其是乳房炎发病更高，必须加强牛群的健康管理。

3. 秋季　秋季气温开始逐渐下降，对奶牛应该是好事。但由于牛群经过一个炎热的夏季，体质一般较差。所以，从秋季开始，饲养管理上应以恢复体况为主，特别是对个别体弱、高产奶牛应重点照顾。最好安排一次全场牛群体况评定、体型外貌鉴定和育种方案的修订工作。秋季是进行青贮大忙季节，而青贮的质量和数量是影响牛群产量和健康重大因素之一。必须组织好人力、物力全力以赴。秋季在许多地区又是多雨季节，给牛群饲养管理也带来不少困难。所以，秋季是牛群饲养管理最繁忙季节，一定要精心安排。

4. 冬季 奶牛对寒冷有较强适应能力，冬季除少数极冷地区外，在饲养管理上比其他季节容易安排，但也不可忽视与大意。冬季奶牛遇到大风或穿堂风的侵袭，对产奶量影响是很大的。所以，冬季对牛舍的保温（包括铺垫褥草）和运动场上防风要给予高度重视。另外，年底应进行全年工作检查，对下年度生产、财务计划，必须妥善安排。

九、饲料与物资管理

饲料与物资是奶牛场（户）的最大开支，管好用好饲料及各种物资直接影响生产成本，必须加强管理。

（一）饲料生产计划

包括种植面积（各种粗饲料中豆科干草牧草占 15%以上）、种类、收获期、青饲或青贮产量和月份等。

（二）饲料采购与保管

列出采购地区和单位。进场饲料必须核实数量和质量。库存饲料要妥善保管，防火、防盗、防霉和抗氧化等。

(三)饲料加工

包括饲料的一般加工和特殊加工,如粉碎、蒸煮、压扁、烘烤、糖化、尿素的包被等。加工车间应设有清除异物设施。

(四)物资管理

包括药品、燃料、材料、低值易耗品、劳动保护用品等的采购、保管与收发,并实行定额管理。

十、财务管理

财务管理是一项复杂而政策性很强的工作,是监督奶牛场(户)经济活动的一个有力手段。其主要内容包括以下两个方面。

(一)严格遵守财务有关规定

一切费用进出应有原始凭证,科目完整,报表完善,逐月提供财务收支报表,通报效益进度,便于领导决策和管理措施的调整。

(二)做好成本分析与核算

牛奶生产过程,也是人力、物力、财力的消耗过程(活劳动和物化劳动的投入)。计算在这个过程中发生的各种消耗投入量,即为成本核算。成本核算是经营管理中一项极为重要的基础工作,是评价奶牛场(户)经济效果和经营管理水平的重要指标。按国家规定,成年奶牛、初孕牛、育成牛、犊牛应分别进行成本核算。

1. 工资福利费 指全体工作人员的全部工资和福利费用。

2. 饲料费 指牛群所消耗饲料的全部费用，其中，精料、青饲、青贮、干草、块根四项应单列计算。

3. 燃料及动力费 指牛群直接消耗的煤炭、汽油、柴油、电力等费用。

4. 医药费 指用于牛群治疗、防疫、人工授精等药品费用。

5. 牛群摊销 指成年母牛转群时的成本，应按期折算提取的费用。如1头初孕母牛作价按1万元计，残值按1 000元计，平均6年摊销，则每年应摊销1 500元。

6. 折旧费 指牛群负担的全部固定资产，按期折旧的费用。如牛舍、专用机械设备等。

7. 修理费 指固定资产所需修理的一切费用。

8. 转群差价 即奶牛转群时实际差价。例如，转群价为1万元，高于1万元时，高出部分列入当年成本，低于1万元时不计盈利，余额加入奶牛专用流动资金。

9. 其他直接费用 即不能列入上述各项而又需支出的费用。

10. 共同生产费 指各龄牛群按比例分摊的共同支出费用。

十一、经济效益概算与预测

（一）经济效益的概算

现假设某奶牛户饲养成年母牛3头，采用人工冻精配种，每头母牛年产犊1头，年产奶4 800千克。饲养期按6年计算，在劳动力不计成本，部分时间放牧，采青草不计成本条件下，年均经济效益如下。

1. 成本(支出)

(1)购奶牛费 该养牛户从某国有牛场购买的奶牛，每头11 000元，3头需购置费33 000元。按6年折旧，每年计成本5 500元。

(2)草料费 饲草费+精料费=(3头×4500千克/头×0.1元/千克)+(3头×2500千克/头×1.6元/千克)=13 350元。

(3)兽药费 3头×50元/头=150元。

(4)折旧费 牛舍4 000元，青贮窖400元，共计4 400元。使用期20年，年折旧费(4 400元÷20年)=220元。

(5)运杂费与配种费 300元。

(6)水电费用 300元。

以上6项合计24 220元。

2. 产值(收入)

(1)牛奶产值 3头×4 800千克×2元=28 800元。

(2)犊牛产值 2头×5 000元+1头×500元=10 500元。

(3)淘汰奶牛残值 3头×800千克/头×6元/千克/5年=2 880元。

(4)合计 42 180元。

3. 利润 产值－成本=42 180－24 220=17 960。

(二)经济效益预测

奶牛场(户)的经济效益，主要取决于产奶量、牛奶销售价格和奶牛饲养成本等因素。当奶价、成本比大于1时,饲养奶牛有利润。而奶价、成本比与奶料价格比、奶料比及精料成本占饲养成本比例有关。在一般情况下,饲料成本占饲养成本的60%(55%～65%),精料成本占饲料成本的60%(55%～65%)。所以,精料成本占饲养成本的比例一般为30%～42%,平均为36%。

如混合精料成本占饲养成本的36%,已知每千克混合精料价1.4元。当奶料比为2:1时,每千克牛奶生产成本为1.95元(1.4元÷2÷0.36);当奶料比为2.5:1时,每千克牛奶生产成本为1.56元(1.4元÷2.5÷0.36)。

有利润(奶价、成本比大于1)的奶料价格比应分别大于1.39(1÷2÷0.36)与1.11(1÷2.5÷0.36);有利润的千克牛奶销售价格应分别大于1.95元(1.4×1.39)与1.56元(1.4元×1.11)。

千克牛奶利润分别为0元(1.95元-1.4元÷2÷0.36)与0.39元(1.95元-1.4元÷2.5÷0.36)。

据此估算,奶料比为2:1时为盈亏介点,奶料比2.5:1时,每千克鲜奶盈利0.39元。

十二、怎样评估牛群的管理工作

一个奶牛场(户)预测经济效益是必要的。但如何从牛群管理上评价其优劣也是非常重要的。作为一名经营者,对牛群管理必须定期进行如下的评估。

(一)牛群环境

牛群环境1年365天应当天天保持干净卫生。只有这样，才能促进奶牛健康，才能有益于人的劳动，有益于牛奶卫生。特别是世界生态环境恶化的今天，保持良好生态环境，显得更加重要。所以，凡牛场环境不整洁，牛槽污垢严重、长年不清洗，饮水槽经常断水、长绿苔，运动场低洼积水泥泞，牛群拥挤，没有一个好的休息和反刍环境，牛群健康是无法保证的，也不可能充分发挥其产奶潜力，生产出优质的牛奶。

（二）产奶的稳定性

牛群产奶量如果每天波动较大，幅度达日产奶量的 10%以上，则可能在饲养上发生了失误，应立即进行调查研究。

（三）牛奶质量

牛群的产奶质量包括营养质量和卫生质量，如乳脂率、乳蛋白率以及体细胞数量等。例如发现有乳脂率低于 3%，必须进行全面检查，发现问题，立即改正。

（四）牛群繁殖力

牛群繁殖成绩是影响产奶水平主要因素之一。所以，对适繁牛胎间距超过 400 天以上的和产后失配超过 120 天的，必须查明原因，采取有效措施，尽快加以解决。对久配不孕个体，应尽快淘汰。

（五）后备牛状况

后备牛占牛群的头数比例及其发育状况，关系一个奶牛场（户）成败。如后备牛头数少于牛群总头数的 40%，并且半数以上因体格过小，不能按期配种，完全可以判定牛群管理是失败的，不成功的。奶牛场（户）必须从长计议，彻底改变经营方法。

(六)牛群健康状况与营养状况

牛群健康管理是天天要关注的问题。牛群挤奶后1小时,有2/3以上个体牛在运动场上安闲地休息和反刍,即为健康状况良好。如头数不多,这可能饲喂不好或运动场设施太差;如发现有较多牛眼光发呆,精神沉郁,则可能患有疾病。牛群中多数牛胆小怕人,不愿与人接近,也应尽量查清原因。总之,必须天天观察牛群健康状况,随时观察,有病早治。只有保持牛群健康,才能高产稳产。

牛群营养状况判断,详见第四章第七个问题之(四)体况评分。

(七)饲草的贮备状况

有无充足的饲草,特别是优质粗饲料的贮备,是评价一个奶牛场(户)能否持续高产稳产的先决条件。如长年吃劣质青贮草和秸秆,不喂优质干草,这显示该牛群是不可能高产稳产的。

(八)兽医工作情况

管理好的牛群,兽医人员可能半天工作,半天学习。如果工作忙乱,处理病牛应接不暇,牛群各种疾病频仍发生,则反映出牛群卫生管理上的失败。

(九)技术力量

畜牧与兽医人员技术水平是衡量一个奶牛场(户)能否办好的一个重要方面。凡是有不怕苦、又善于学习钻研的畜牧兽医技术人员的奶牛场,即使一时牛群管理不好,从长远看一定会把奶牛场(户)管理得有条不紊,经济效益会一年比一年好。

从上述可见,管理好一个奶牛场(户),必须付出全部精力,把各方面的事管理协调好。要经常检查牛群,发现问题,及时加以解决。如等到问题成堆后,再去解决,肯定会失败的。必须采取积极主动的态度,抓好每个生产环节,只有这样才能立于不败之地。

据上海定期开展对生产体系评估经验表明,评估是一项行之有效的管理办法。例如,每年定期采用百分制考核防疫卫生、"两病"检疫、员工卫生、饲料卫生、容器卫生、挤奶卫生、鲜奶质量、档案记录和畜类治理等方面内容共计 25 条。凡评分在 90 分以上为合格,90 分以下为不合格。被评分为特级牛场的牛奶,可享受原料奶每千克增加 8 分的待遇。

附

附件一　奶牛常用饲料的成分与营养价值表

附表1　青绿饲

编　号	饲料名称	样品说明	原样中						
			干物质(%)	粗蛋白(%)	钙(%)	磷(%)	总能量(MJ/kg)	奶牛能量单位(NND/kg)	可消化粗蛋白质(g/kg)
2-01-610	大麦青割	北京,5月上旬	15.7	2.0	—	—	2.78	0.29	12
2-01-614	大豆青割	北京,全株	35.2	3.4	0.36	0.29	5.76	0.59	20
2-01-072	甘薯蔓	11省市15样平均值	13.0	2.1	0.20	0.05	2.25	0.22	13
2-01-623	甘蔗尾	广州	24.6	1.5	0.07	0.01	4.32	0.37	9
2-01-631	黑麦草	北京,阿文士意大利黑麦草	16.3	3.5	0.10	0.04	2.86	0.34	21
2-01-099	胡萝卜秧	4省市4样平均值	12.0	2.0	0.38	0.05	2.07	0.23	13
2-01-638	花生藤	浙江	29.3	4.5	—	—	5.30	0.47	27
2-01-131	聚合草	河北沧州,始花期	11.8	2.1	0.28	0.01	1.87	0.20	13
2-01-643	萝卜叶	北京	10.6	1.9	0.04	0.01	1.52	0.19	11
2-01-177	马铃薯秧	贵州	11.6	2.3	—	—	2.15	0.15	14
2-01-644	芒　草	湖南,拔节期	34.5	1.6	0.16	0.02	6.26	0.52	10
2-01-645	苜　蓿	北京,盛花期	26.2	3.8	0.34	0.01	4.73	0.40	23
2-01-652	雀麦草	北京,坦波无芒雀麦草	25.3	4.1	0.64	0.07	4.45	0.48	25
2-01-246	三叶草	北京,俄罗斯三叶草	19.7	3.3	0.26	0.06	3.65	0.39	20
2-01-655	沙打旺	北京	14.9	3.5	0.20	0.05	2.61	0.30	21

录

〔根据奶牛饲养标准(第一版)修订〕(摘录)

料类

干物质中													
总能量(MJ/kg)	消化能(MJ/kg)	产奶净能(MJ/kg)	产奶净能(Mcal/kg)	奶牛能量单位(NND/kg)	粗蛋白(%)	可消化粗蛋白质(g/kg)	粗脂肪(%)	粗纤维(%)	无氮浸出物(%)	粗灰分(%)	钙(%)	磷(%)	胡萝卜素(mg/kg)
17.72	11.76	5.92	1.39	1.85	12.7	76	3.2	29.9	43.9	10.2	—	—	—
16.37	10.73	5.26	1.26	1.68	9.7	58	6.0	28.7	35.2	20.5	10.2	0.82	290.43
17.29	10.82	5.54	1.27	1.69	16.2	97	3.8	19.2	47.7	13.1	1.54	0.38	—
17.59	9.69	4.80	1.13	1.50	6.1	37	2.0	31.3	53.7	6.9	0.28	0.04	—
17.54	12.83	6.44	1.56	2.09	21.5	129	4.3	20.9	38.7	14.7	0.61	0.25	—
17.21	12.18	6.00	1.44	1.92	18.3	110	5.0	18.3	42.5	15.8	3.17	0.42	171.52
18.09	10.29	5.02	1.20	1.60	15.4	92	2.7	21.2	53.9	6.8	—	—	—
15.88	10.84	5.34	1.27	1.69	17.8	107	1.7	11.9	50.8	17.8	2.37	0.08	—
14.07	11.43	5.57	1.34	1.79	17.9	108	3.8	8.5	40.6	29.2	0.38	0.09	300.0
18.50	8.42	4.05	0.97	1.29	19.8	119	6.0	23.3	39.7	11.2	—	—	—
18.15	9.71	4.75	1.13	1.51	4.6	28	2.9	33.9	53.9	4.6	0.46	0.06	—
18.06	9.83	4.81	1.15	1.53	14.5	87	1.1	35.9	41.2	7.3	1.30	0.04	—
17.60	12.06	5.97	1.42	1.90	16.2	97	2.8	30.0	39.1	11.9	2.53	0.28	—
18.52	12.56	6.19	1.48	1.98	16.8	101	2.5	28.9	45.7	6.1	1.32	0.30	—
17.52	12.76	6.24	1.51	2.01	23.5	141	3.4	15.4	44.3	13.4	1.34	0.34	—

编号	饲料名称	样品说明	原样中 干物质(%)	粗蛋白(%)	钙(%)	磷(%)	总能量(MJ/kg)	奶牛能量单位(NND/kg)	可消化粗蛋白质(g/kg)
2-01-343	苕　子	浙江,初花期	15.0	3.2	—	—	2.86	0.29	19
2-01-658	苏丹草	广西,拔节期	18.5	1.9	—	—	3.34	0.33	11
2-01-671	燕麦青割	北京,刚抽穗	19.7	2.9	0.11	0.07	3.65	0.40	17
2-01-677	野青草	北京,狗尾草为主	25.3	1.7	—	0.12	4.36	0.40	10
2-01-682	拟高粱	北京	18.4	2.2	0.13	0.03	3.22	0.34	13
2-01-243	玉米青割	哈尔滨,乳熟期,玉米叶	17.9	1.1	0.06	0.04	3.37	0.32	7
2-01-690	玉米全株	北京,晚熟种	27.1	0.8	0.09	0.10	4.72	0.49	5
2-01-429	紫云英	8省市8样平均值	13.0	2.9	0.18	0.07	2.42	0.28	17

干物质中													
总能量（MJ/kg）	消化能（MJ/kg）	产奶净能		奶牛能量单位（NND/kg）	粗蛋白（%）	可消化粗蛋白质（g/kg）	粗脂肪（%）	粗纤维（%）	无氮浸出物（%）	粗灰分（%）	钙（%）	磷（%）	胡萝卜素（mg/kg）
		（MJ/kg）	（Mcal/kg）										
19.09	12.28	6.20	1.45	1.93	21.3	128	4.0	32.7	34.7	7.3	—	—	—
18.05	11.38	5.68	1.34	1.78	10.3	62	4.3	29.2	47.6	8.6	—	—	—
18.54	12.86	6.40	1.52	2.03	14.7	88	4.6	27.4	45.7	7.6	0.56	0.36	—
17.20	10.15	4.98	1.19	1.58	6.7	40	2.8	28.1	52.6	9.9	—	0.47	—
17.49	11.76	5.71	1.39	1.85	12.0	72	2.7	28.3	46.7	10.3	0.71	0.16	—
18.84	11.40	5.64	1.34	1.79	6.1	37	2.8	29.1	55.3	6.7	0.34	0.22	—
17.40	11.52	5.72	1.36	1.81	3.0	18	1.5	29.2	60.9	5.5	0.33	0.37	—
18.60	13.61	6.77	1.62	2.15	22.3	134	5.4	19.2	43.4	10.0	1.38	0.54	—

附表 2　青贮类

编　号	饲料名称	样品说明	原样中						
			干物质（%）	粗蛋白（%）	钙（%）	磷（%）	总能量（MJ/kg）	奶牛能量单位（NND/kg）	可消化粗蛋白质（g/kg）
3-03-602	甘薯藤青贮	北京，秋甘薯藤	33.1	2.0	0.46	0.15	5.14	0.47	12
3-03-605	玉米青贮	4省市5样平均值	22.7	1.6	0.10	0.06	3.96	0.36	10

附表 3　块根、块茎、

编　号	饲料名称	样品说明	原样中						
			干物质（%）	粗蛋白（%）	钙（%）	磷（%）	总能量（MJ/kg）	奶牛能量单位（NND/kg）	可消化粗蛋白质（g/kg）
4-04-207	甘　薯	8省市甘薯干40样平均值	90.0	3.9	0.15	0.12	1.52	2.14	25
4-04-208	胡萝卜	12省市13样平均值	12.0	1.1	0.15	0.09	2.04	0.29	7
4-04-210	萝　卜	11省市11样平均值	7.0	0.9	0.05	0.03	1.15	0.17	6
4-04-211	马铃薯	10省市10样平均值	22.0	1.6	0.02	0.03	3.72	0.52	10
4-04-212	南　瓜	9省市9样平均值	10.0	1.0	0.04	0.02	1.71	0.24	7
4-04-213	甜　菜	8省市9样平均值	15.0	2.0	0.06	0.04	2.59	0.31	13
4-04-215	芜菁甘蓝	3省5样平均值	10.0	1.0	0.06	0.02	1.71	0.25	7

饲料

干物质中													
总能量（MJ/kg）	消化能（MJ/kg）	产奶净能（MJ/kg）	产奶净能（Mcal/kg）	奶牛能量单位（NND/kg）	粗蛋白（%）	可消化粗蛋白质（g/kg）	粗脂肪（%）	粗纤维（%）	无氮浸出物（%）	粗灰分（%）	钙（%）	磷（%）	胡萝卜素（mg/kg）
15.54	9.28	4.56	1.06	1.42	6.0	36	2.7	18.4	55.3	17.5	1.39	0.45	—
17.45	10.29	4.98	1.19	1.59	7.0	42	2.6	30.4	51.1	8.8	0.44	0.26	—

瓜果类饲料

干物质中													
总能量（MJ/kg）	消化能（MJ/kg）	产奶净能（MJ/kg）	产奶净能（Mcal/kg）	奶牛能量单位（NND/kg）	粗蛋白（%）	可消化粗蛋白质（g/kg）	粗脂肪（%）	粗纤维（%）	无氮浸出物（%）	粗灰分（%）	钙（%）	磷（%）	胡萝卜素（mg/kg）
16.92	15.06	7.44	1.78	2.38	4.3	28	1.4	2.6	88.8	2.9	0.17	0.13	—
16.99	15.30	7.75	1.81	2.42	9.2	60	2.5	10.0	70.0	8.3	1.25	0.75	—
16.49	15.37	7.29	1.82	2.43	12.9	84	1.4	10.0	64.3	11.4	0.71	0.43	—
16.89	14.98	7.45	1.77	2.36	7.3	47	0.5	3.2	39.5	4.1	0.09	0.14	—
17.06	15.20	7.60	1.80	2.40	10.0	65	3.0	12.0	68.0	7.0	0.40	0.20	64.29
17.28	13.18	6.47	1.55	2.07	13.3	87	2.7	11.3	60.7	12.0	0.40	0.27	—
17.09	15.80	8.00	1.88	2.50	10.0	65	2.0	13.0	67.0	8.0	0.60	0.20	—

附表 4　青干草类

编　号	饲料名称	样品说明	原样中						
			干物质(%)	粗蛋白(%)	钙(%)	磷(%)	总能量(MJ/kg)	奶牛能量单位(NND/kg)	可消化粗蛋白质(g/kg)
1-05-626	苜蓿干草	黑龙江,紫花苜蓿	93.9	17.9	—	—	1.68	1.86	107
1-05-644	羊　草	东北3省,羊草	88.3	3.2	0.25	0.18	1.56	1.15	19
1-05-054	野干草	内蒙古,海金山	91.4	6.2	—	—	1.64	1.32	37

附表 5　农副产品

编　号	饲料名称	样品说明	原样中						
			干物质(%)	粗蛋白(%)	钙(%)	磷(%)	总能量(MJ/kg)	奶牛能量单位(NND/kg)	可消化粗蛋白质(g/kg)
1-06-632	大麦秸	北京	90.0	4.9	0.12	0.11	15.81	1.17	14
1-06-604	大豆秸	吉林公主岭	89.7	3.2	0.61	0.03	16.32	1.10	8
1-06-630	稻　草	北京	90.0	2.7	0.11	0.05	13.41	1.04	7
1-06-100	甘薯蔓	7省市13样平均值	88.0	8.1	1.55	0.11	15.29	1.34	26
1-06-615	谷　草	黑龙江,谷子(粟)秆,2样平均值	90.7	4.5	0.34	0.03	15.54	1.33	10
1-06-617	花生藤	山东,伏花生	91.3	11.0	2.46	0.04	16.11	1.54	28
1-06-620	小麦秸	北京,冬小麦	90.0	3.9	0.25	0.03	7.49	0.99	10
1-06-623	燕麦秸	河北张家口,甜燕麦秸,青海种	93.0	7.0	0.17	0.01	16.92	1.33	15
1-06-624	莜麦秸	河北张家口	95.2	8.8	0.29	0.10	17.39	1.27	19
1-06-631	黑麦秸	北京	90.0	3.5	—	—	16.25	1.11	9
1-06-629	玉米秸	北京	90.0	5.8	—	—	15.22	1.21	18

饲料

干物质中													
总能量（MJ/kg）	消化能（MJ/kg）	产奶净能		奶牛能量单位（NND/kg）	粗蛋白（%）	可消化粗蛋白质（g/kg）	粗脂肪（%）	粗纤维（%）	无氮浸出物（%）	粗灰分（%）	钙（%）	磷（%）	胡萝卜素（mg/kg）
		（MJ/kg）	（Mcal/kg）										
17.88	12.67	6.28	1.49	1.98	19.1	114	2.7	26.4	41.3	10.5	—	—	190.23
17.65	8.57	4.08	0.98	1.30	3.6	22	1.5	36.8	52.3	5.8	0.28	0.20	—
17.94	9.43	4.54	1.08	1.44	6.8	41	2.7	33.4	50.7	6.5	—	—	—

类饲料

干物质中													
总能量（MJ/kg）	消化能（MJ/kg）	产奶净能		奶牛能量单位（NND/kg）	粗蛋白（%）	可消化粗蛋白质（g/kg）	粗脂肪（%）	粗纤维（%）	无氮浸出物（%）	粗灰分（%）	钙（%）	磷（%）	胡萝卜素（mg/kg）
		（MJ/kg）	（Mcal/kg）										
17.44	8.51	4.08	0.98	1.30	5.5	16	1.8	71.8	10.4	10.6	0.13	0.12	—
18.20	8.12	3.84	0.92	1.23	3.6	9	0.6	52.1	39.7	4.1	0.68	0.03	—
16.10	8.61	3.65	0.87	1.16	3.1	8	1.2	66.3	13.9	15.6	0.12	0.05	—
17.39	9.90	4.81	1.14	1.52	9.2	30	3.1	32.4	44.3	11.0	1.76	0.13	—
17.13	9.56	4.62	1.10	1.47	5.0	11	1.3	35.9	48.7	9.0	0.37	0.03	—
17.64	10.89	5.28	1.27	1.69	12.0	31	1.6	32.4	45.2	8.7	2.69	0.04	—
17.22	8.35	3.45	0.83	1.10	4.4	11	0.6	78.2	6.1	10.8	0.28	0.03	—
18.20	9.35	4.51	1.07	1.43	7.5	16	2.4	28.4	58.0	3.9	0.18	0.01	—
18.27	8.77	4.22	1.00	1.33	9.2	20	1.4	46.2	37.1	6.0	0.30	0.11	—
17.07	9.72	3.86	0.92	1.23	3.9	10	1.2	75.3	9.1	10.5	—	—	—
16.92	10.71	4.22	1.01	1.34	6.5	20	0.9	68.9	17.0	6.8	—	—	—

附表 6 谷实类

编号	饲料名称	样品说明	原样中						
			干物质(%)	粗蛋白(%)	钙(%)	磷(%)	总能量(MJ/kg)	奶牛能量单位(NND/kg)	可消化粗蛋白质(g/kg)
4-07-038	大　米	9省市16样籼稻米平均值	87.5	8.5	0.06	0.21	15.54	2.29	55
4-07-022	大　麦	20省市49样平均值	88.8	10.8	0.12	0.29	15.80	2.13	70
4-07-074	稻　谷	9省市34样籼稻平均值	90.6	8.3	0.13	0.28	15.68	2.04	54
4-07-104	高　粱	17省市38样平均值	89.3	8.7	0.09	0.28	16.12	2.09	57
4-07-123	荞　麦	11省市14样平均值	87.1	9.9	0.09	0.30	15.82	1.94	64
4-07-164	小　麦	15省市28样平均值	91.8	12.1	0.11	0.36	16.43	2.39	79
4-07-173	小　米	8省9样平均值	86.8	8.9	0.05	0.32	15.69	2.24	58
4-07-188	燕　麦	11省市17样平均值	90.3	11.6	0.15	0.33	16.86	2.13	75
4-07-263	玉　米	23省市120样平均值	88.4	8.6	0.08	0.21	16.14	2.28	56

附表 7 豆类

编号	饲料名称	样品说明	原样中						
			干物质(%)	粗蛋白(%)	钙(%)	磷(%)	总能量(MJ/kg)	奶牛能量单位(NND/kg)	可消化粗蛋白质(g/kg)
5-09-201	蚕　豆	全国14样平均值	88.0	24.9	0.15	0.40	16.45	2.25	162
5-09-217	大　豆	全国16省市40样平均值	88.0	37.0	0.27	0.48	20.55	2.76	241
5-09-031	黑　豆	内蒙古	92.3	34.7	—	0.69	21.04	2.83	226

饲料

干物质中													
总能量(MJ/kg)	消化能(MJ/kg)	产奶净能		奶牛能量单位(NND/kg)	粗蛋白(%)	可消化粗蛋白质(g/kg)	粗脂肪(%)	粗纤维(%)	无氮浸出物(%)	粗灰分(%)	钙(%)	磷(%)	胡萝卜素(mg/kg)
		(MJ/kg)	(Mcal/kg)										
20.73	16.51	8.18	1.96	2.62	9.7	63	1.8	0.9	86.2	1.4	0.07	0.24	—
17.80	15.19	7.55	1.80	2.40	12.2	79	2.3	5.3	76.7	9.1	0.14	0.33	—
17.31	14.30	7.08	1.69	2.25	9.2	60	1.7	9.4	74.5	5.3	0.14	0.31	—
18.06	14.84	7.31	1.76	2.34	9.7	63	3.7	2.5	81.6	2.5	0.10	0.31	—
18.17	14.15	7.01	1.67	2.23	11.4	74	2.6	13.2	69.7	3.1	0.10	0.34	—
17.90	16.42	8.21	1.95	2.60	13.2	86	2.0	2.6	79.7	2.5	0.12	0.39	—
18.07	16.29	8.10	1.94	2.58	10.3	67	3.1	1.5	83.5	1.6	0.06	0.37	—
18.67	14.95	7.38	1.77	2.36	12.8	83	5.8	9.9	67.2	4.3	0.17	0.37	—
18.26	16.28	8.10	1.93	2.58	9.7	63	4.0	2.3	82.5	1.6	0.09	0.24	—

类饲料

干物质中													
总能量(MJ/kg)	消化能(MJ/kg)	产奶净能		奶牛能量单位(NND/kg)	粗蛋白(%)	可消化粗蛋白质(g/kg)	粗脂肪(%)	粗纤维(%)	无氮浸出物(%)	粗灰分(%)	钙(%)	磷(%)	胡萝卜素(mg/kg)
		(MJ/kg)	(Mcal/kg)										
18.69	16.14	8.05	1.92	2.56	28.3	184	1.6	8.5	57.8	3.8	0.17	0.45	—
23.35	19.64	9.85	2.35	3.14	42.0	273	18.4	5.8	28.5	5.2	0.31	0.55	—
22.80	19.21	9.62	2.30	3.07	37.6	244	16.4	10.0	31.4	4.7	—	0.75	—

附表 8 糠麸类

编号	饲料名称	样品说明	原样中						
			干物质(%)	粗蛋白(%)	钙(%)	磷(%)	总能量(MJ/kg)	奶牛能量单位(NND/kg)	可消化粗蛋白质(g/kg)
1-08-001	大豆皮	北京	91.0	18.8	—	0.35	17.16	1.85	113
4-08-002	大麦麸	北京	87.0	15.4	0.33	0.48	16.00	2.07	92
4-08-016	高粱糠	2省8个样品平均值	91.1	9.6	0.07	0.81	17.42	2.17	58
4-08-030	米 糠	4省市13样平均值	90.2	12.1	0.14	1.04	18.20	2.16	73
4-08-078	小麦麸	全国115样平均值	88.6	14.4	0.18	0.78	16.24	1.91	86
4-08-094	玉米皮	6省市6样品平均值	88.2	9.7	0.28	0.35	16.17	1.84	58

附表 9 油饼类

编号	饲料名称	样品说明	原样中						
			干物质(%)	粗蛋白(%)	钙(%)	磷(%)	总能量(MJ/kg)	奶牛能量单位(NND/kg)	可消化粗蛋白质(g/kg)
5-10-022	菜籽饼	13省市,机榨,21样平均值	92.2	36.4	0.73	0.95	18.90	2.43	237
5-10-043	豆 饼	13省,机榨,42样平均值	90.6	43.0	0.32	0.50	18.74	2.64	280
5-10-062	胡麻饼	8省市,机榨,11样平均值	92.0	33.1	0.58	0.77	18.60	2.44	215
5-10-075	花生饼	9省市,机榨,34样平均值	89.9	46.4	0.24	0.52	19.22	2.71	302

饲料

干物质中													
总能量	消化能	产奶净能		奶牛能量单位	粗蛋白	可消化粗蛋白质	粗脂肪	粗纤维	无氮浸出物	粗灰分	钙	磷	胡萝卜素
(MJ/kg)	(MJ/kg)	(MJ/kg)	(Mcal/kg)	(NND/kg)	(%)	(g/kg)	(%)	(%)	(%)	(%)	(%)	(%)	(mg/kg)
18.85	12.98	6.40	1.52	2.03	20.7	124	2.9	27.6	43.0	5.6	—	0.38	—
18.39	15.07	7.46	1.78	2.38	17.7	106	3.7	6.6	67.5	4.6	0.38	0.55	—
19.12	15.09	7.49	1.79	2.38	10.5	63	10.0	4.4	69.7	5.4	0.08	0.89	—
20.18	15.16	7.52	1.80	2.39	13.4	80	17.2	10.2	48.0	11.2	0.16	1.15	—
18.33	13.72	6.81	1.62	2.16	16.3	98	4.2	10.4	63.4	5.8	0.20	0.88	—
18.34	13.30	6.55	1.56	2.09	11.0	66	4.5	10.3	70.2	4.0	0.32	0.40	—

饲料

干物质中													
总能量	消化能	产奶净能		奶牛能量单位	粗蛋白	可消化粗蛋白质	粗脂肪	粗纤维	无氮浸出物	粗灰分	钙	磷	胡萝卜素
(MJ/kg)	(MJ/kg)	(MJ/kg)	(Mcal/kg)	(NND/kg)	(%)	(g/kg)	(%)	(%)	(%)	(%)	(%)	(%)	(mg/kg)
20.50	16.62	8.26	1.98	2.64	39.5	257	8.5	11.6	31.8	8.7	0.79	1.03	—
20.68	18.80	9.15	2.19	2.91	47.5	308	6.0	6.3	33.8	6.5	0.35	0.55	—
20.22	16.72	8.33	1.99	2.65	36.0	234	8.2	10.7	37.0	8.3	0.63	0.84	—
21.38	18.90	9.50	2.26	3.01	51.6	335	7.3	6.5	28.6	6.0	0.27	0.58	—

续附表 9

编号	饲料名称	样品说明	原样中						
			干物质(%)	粗蛋白(%)	钙(%)	磷(%)	总能量(MJ/kg)	奶牛能量单位(NND/kg)	可消化粗蛋白质(g/kg)
5-10-084	米糠饼	7省市,机榨,13样平均值	90.7	15.2	0.12	0.18	16.64	1.86	99
5-10-612	棉籽饼	4省市,去壳,机榨,6样平均值	89.6	32.5	0.27	0.81	18.00	2.34	211
5-10-613	葵花籽饼	内蒙古	93.3	17.4	0.40	0.94	18.34	1.50	113
5-10-126	玉米胚芽饼	北京	93.0	17.5	0.05	0.49	18.39	2.33	114
5-10-138	芝麻饼	10省市,机榨,13样平均值	90.7	41.1	2.29	0.79	18.29	2.40	267

附表 10　动物性

编号	饲料名称	样品说明	原样中						
			干物质(%)	粗蛋白(%)	钙(%)	磷(%)	总能量(MJ/kg)	奶牛能量单位(NND/kg)	可消化粗蛋白质(g/kg)
5-13-022	牛　乳	北京,全脂鲜奶	13.0	3.3	0.12	0.09	3.22	0.50	21
5-13-024	牛乳粉	北京,全脂乳粉	98.0	26.2	1.03	0.88	24.76	3.78	170
5-13-114	鱼　粉	秘鲁鱼粉8省8样平均值	89.0	60.5	3.90	2.90	18.33	2.74	393

干物质中													
总能量（MJ/kg）	消化能（MJ/kg）	产奶净能		奶牛能量单位（NND/kg）	粗蛋白（%）	可消化粗蛋白质（g/kg）	粗脂肪（%）	粗纤维（%）	无氮浸出物（%）	粗灰分（%）	钙（%）	磷（%）	胡萝卜素（mg/kg）
		（MJ/kg）	（Mcal/kg）										
18.34	13.09	6.46	1.54	2.05	16.8	109	8.0	9.8	54.4	11.0	0.13	0.20	—
20.09	16.47	8.18	1.96	2.61	36.3	236	6.4	11.9	38.5	6.9	0.30	0.90	—
19.65	10.42	5.03	1.21	1.61	18.6	121	4.4	42.0	29.8	5.1	0.43	1.01	—
19.77	15.83	7.88	1.88	2.51	18.8	122	6.0	16.0	57.3	1.8	0.05	0.53	—
20.16	16.68	8.31	1.98	2.65	45.3	295	9.9	6.5	24.1	14.1	2.52	0.87	—

饲料类

干物质中													
总能量（MJ/kg）	消化能（MJ/kg）	产奶净能		奶牛能量单位（NND/kg）	粗蛋白（%）	可消化粗蛋白质（g/kg）	粗脂肪（%）	粗纤维（%）	无氮浸出物（%）	粗灰分（%）	钙（%）	磷（%）	胡萝卜素（mg/kg）
		（MJ/kg）	（Mcal/kg）										
24.79		12.23	2.88	3.85	25.4	165	30.8	—	38.5	5.4	0.92	0.69	—
25.26		12.13	2.89	3.86	26.7	174	31.2	—	38.3	5.8	1.05	0.90	—
20.60	19.29	9.69	2.31	3.08	68.0	442	10.9	—	—	16.2	4.38	3.26	—

附表 11　糟渣类

编　号	饲料名称	样品说明	原样中						
			干物质(%)	粗蛋白(%)	钙(%)	磷(%)	总能量(MJ/kg)	奶牛能量单位(NND/kg)	可消化粗蛋白质(g/kg)
1-11-602	豆腐渣	2省市4样平均值	11.0	3.3	0.05	0.03	2.27	0.31	21
4-11-058	粉　渣	玉米粉渣，6省7样平均值	15.0	1.8	0.02	0.02	2.79	0.39	12
4-11-069	粉　渣	马铃薯粉渣，3省3样平均值	15.0	1.0	0.06	0.04	2.63	0.29	7
5-11-607	啤酒糟	2省市3样平均值	23.4	6.8	0.09	0.18	4.77	0.51	44
1-11-610	甜菜渣	黑龙江	12.2	1.4	0.12	0.01	2.00	0.24	9

饲料

干物质中													
总能量（MJ/kg）	消化能（MJ/kg）	产奶净能		奶牛能量单位（NND/kg）	粗蛋白（%）	可消化粗蛋白质（g/kg）	粗脂肪（%）	粗纤维（%）	无氮浸出物（%）	粗灰分（%）	钙（%）	磷（%）	胡萝卜素（mg/kg）
		（MJ/kg）	（Mcal/kg）										
20.64	17.72	8.82	2.11	2.82	30.0	195	7.3	19.1	40.0	0.9	0.45	0.27	—
18.62	16.40	8.13	1.95	2.60	12.0	78	4.7	9.3	71.3	2.7	0.13	0.13	—
17.54	12.38	6.20	1.45	1.93	6.7	43	2.7	8.7	78.0	4.0	0.40	0.27	—
20.37	13.87	6.79	1.63	2.18	29.1	189	8.1	16.7	40.6	5.6	0.38	0.77	—
16.36	12.59	6.23	1.48	1.97	11.5	75	0.8	31.1	41.8	14.8	0.98	0.08	—

附件二　常用饲料风干物质中性洗涤纤维(NDF)和酸性洗涤纤维(ADF)含量　(%)

附表 12

饲料名称	干物质(DM)	中性洗涤纤维(NDF)	酸性洗涤纤维(ADF)
豆　粕	87.93	15.61	9.89
玉　米	87.33	14.01	6.55
大　米	86.17	17.44	0.53
米　糠	89.67	46.13	23.73
豆　秸	—	75.26	46.14
羊　草	92.09	67.02	40.99
玉米淀粉渣	93.47	81.96	28.02
麦芽根	90.64	64.80	17.33
麸　皮	88.54	40.10	11.62
整株玉米	17.0	61.30	34.86
青贮玉米	15.73	67.24	40.98
鲜大麦	30.33	65.70	39.46
大麦青贮	29.80	76.35	46.24
高粱青贮	32.78	73.13	46.88
啤酒糟	93.66	77.69	25.77
酱油渣	94.08	54.73	33.47
白酒糟	93.20	73.24	52.49
羊　草	92.96	70.74	42.64
谷　草	90.66	74.81	50.78
氨化谷草	91.94	76.82	50.49

续附表 12

饲料名称	干物质(DM)	中性洗涤纤维(NDF)	酸性洗涤纤维(ADF)
复合处理谷草	91.06	76.31	48.58
稻　草	92.08	86.71	54.58
氨化稻草	92.33	83.19	49.59
复合处理稻草	91.68	77.95	50.59
玉米秸	91.85	83.98	66.57
氨化玉米秸	91.15	84.82	63.92
复合处理玉米秸	92.37	81.64	57.32
糜黍秸	91.59	78.32	45.38
氨化糜黍秸	91.43	75.88	46.04
复合处理糜黍秸	92.19	72.16	42.02
莜麦秸	92.39	76.65	50.33
氨化莜麦秸	91.47	75.27	51.87
复合处理莜麦秸	92.04	79.91	49.36
麦　秸	92.13	89.53	69.22
氨化麦秸	89.64	86.54	63.54
复合处理麦秸	91.93	82.75	61.53
荞麦秸	93.81	52.73	33.99
氨化荞麦秸	92.62	54.85	35.48
复合处理荞麦秸	93.19	55.16	33.40
麦　壳	91.98	83.50	52.22
氨化麦壳	92.61	84.44	54.16
复合处理麦壳	92.42	84.94	53.29
红薯蔓	91.49	55.54	45.50
氨化红薯蔓	91.88	61.25	45.83

续附表 12

饲料名称	干物质(DM)	中性洗涤纤维(NDF)	酸性洗涤纤维(ADF)
复合处理红薯蔓	92.45	59.24	47.00
苜蓿秸	91.89	75.27	57.70
氨化苜蓿秸	90.78	77.91	58.02
复合处理苜蓿秸	92.51	72.85	53.48
花生壳	91.90	88.74	71.99
氨化花生壳	91.86	88.78	72.44
复合处理花生壳	92.24	86.29	74.75
豆　荚	91.48	71.10	52.81
氨化豆荚	91.60	70.52	56.14
复合处理豆荚	92.17	66.70	54.32

资料来源:莫放,冯仰廉,1999,中国农业大学动物科技学院

附件三　奶牛的营养需要表(摘录)

附表 13　成年母牛维持的营养需要

体重（千克）	日粮干物质（千克）	奶牛能量单位（NND）	产奶净能（兆焦）	可消化粗蛋白质（克）	小肠可消化粗蛋白质（克）	钙（克）	磷（克）	胡萝卜素（毫克）	维生素 A（单位）
350	5.02	9.17	28.79	243	202	21	16	37	15000
400	5.55	10.13	31.80	268	224	24	18	42	17000
450	6.06	11.07	34.73	293	244	27	20	48	19000
500	6.56	11.97	37.57	317	264	30	22	53	21000
550	7.04	12.88	40.38	341	284	33	25	58	23000
600	7.52	13.73	43.10	364	303	36	27	64	26000
650	7.98	14.59	45.77	386	322	39	30	69	28000
700	8.44	15.43	48.41	408	340	42	32	74	30000
750	8.89	16.24	50.96	430	358	45	34	79	32000

注：①对第一个泌乳期的维持需要按上表基础增加 20%，第二个泌乳期增加 10%

②如第一个泌乳期的年龄和体重过小，应按生长牛的需要计算实际增重的营养需要

③放牧运动时，须在上表基础上增加能量需要量，按正文中的说明计算

④在环境温度低的情况下，维持能量消耗增加，须在上表基础上增加需要量，按正文中的说明计算

⑤泌乳期间，每增重 1 千克体重需增加 8 个奶牛能量单位和 325 克可消化粗蛋白质；每减重 1 千克需扣除 6.56 个奶牛能量单位和 250 克可消化粗蛋白质

附表 14　每产 1 千克奶的营养需要

乳脂率（%）	日粮干物质（千克）	奶牛能量单位（NND）	产奶净能（兆焦）	可消化粗蛋白质（克）	小肠可消化粗蛋白质（克）	钙（克）	磷（克）
2.5	0.31～0.35	0.80	2.51	49	42	3.6	2.4
3.0	0.34～0.38	0.87	2.72	51	44	3.9	2.6
3.5	0.37～0.41	0.93	2.93	53	46	4.2	2.8
4.0	0.40～0.45	1.00	3.14	55	47	4.5	3.0
4.5	0.43～0.49	1.06	3.35	57	49	4.8	3.2
5.0	0.46～0.52	1.13	3.52	59	51	5.1	3.4
5.5	0.49～0.55	1.19	3.72	61	53	5.4	3.6

注：乳蛋白率（%）= 2.36 + 0.24 × 乳脂率（%）

附表 15　母牛妊娠最后 4 个月的营养需要

体重（千克）	怀孕月份	日粮干物质（千克）	奶牛能量单位（NND）	产奶净能（兆焦）	可消化粗蛋白质（克）	小肠可消化粗蛋白质（克）	钙（克）	磷（克）	胡萝卜素（毫克）	维生素 A（单位）
	6	5.78	10.51	32.97	293	245	27	18		
	7	6.28	11.44	35.90	327	275	31	20		
350									67	27000
	8	7.23	13.17	41.34	375	317	37	22		
	9	8.70	15.84	49.54	437	370	45	25		
	6	6.30	11.47	35.99	318	267	30	20		
	7	6.81	12.40	38.92	352	297	34	22		
400									76	30000
	8	7.76	14.13	44.36	400	339	40	24		
	9	9.22	16.80	52.72	462	392	48	27		

续附表 15

体重（千克）	怀孕月份	日粮干物质（千克）	奶牛能量单位（NND）	产奶净能（兆焦）	可消化粗蛋白质（克）	小肠可消化粗蛋白质（克）	钙（克）	磷（克）	胡萝卜素（毫克）	维生素 A（单位）
450	6	6.81	12.40	38.92	343	287	33	22	86	34000
	7	7.32	13.33	41.84	377	317	37	24		
	8	8.27	15.07	47.28	425	359	43	26		
	9	9.73	17.73	55.65	487	412	51	29		
500	6	7.31	13.32	41.80	367	307	36	25	95	38000
	7	7.82	14.25	44.73	401	337	40	27		
	8	8.78	15.99	50.17	449	379	46	29		
	9	10.24	18.65	58.54	511	432	54	32		
550	6	7.80	14.20	44.56	391	327	39	27	105	42000
	7	8.31	15.13	47.49	425	357	43	29		
	8	9.26	16.87	52.93	473	399	49	31		
	9	10.72	19.53	61.30	535	452	57	34		
600	6	8.27	15.07	47.28	414	346	42	29	114	46000
	7	8.78	16.00	50.21	448	376	46	31		
	8	9.73	17.73	55.65	496	418	52	33		
	9	11.20	20.40	64.02	558	471	60	36		

续附表 15

体重（千克）	怀孕月份	日粮干物质（千克）	奶牛能量单位（NND）	产奶净能（兆焦）	可消化粗蛋白质（克）	小肠可消化粗蛋白质（克）	钙（克）	磷（克）	胡萝卜素（毫克）	维生素 A（单位）
650	6	8.74	15.92	49.96	436	365	45	31	124	50000
	7	9.25	16.85	52.89	470	395	49	33		
	8	10.21	18.59	58.33	518	437	55	35		
	9	11.67	21.25	66.70	580	490	63	38		
700	6	9.22	16.76	52.60	458	383	48	34	133	53000
	7	9.71	17.69	55.53	492	413	52	36		
	8	10.67	19.43	60.97	540	455	58	38		
	9	12.13	22.09	69.33	602	508	66	41		
750	6	9.65	17.57	55.15	480	401	51	36	143	57000
	7	10.16	18.51	58.08	514	431	55	38		
	8	11.11	20.24	63.52	562	473	61	40		
	9	12.58	22.91	71.89	624	526	69	43		

注：①怀孕牛干奶期间按上表计算营养需要

②怀孕期间如未干奶，除按上表计算营养需要外，还应加上产奶的营养需要

附件四　高产奶牛饲养管理规范
ZB B 43002—85

本规范适用于国营、集体和个体专业户奶牛场高产奶牛群(或个体)的饲养与管理。

1. 总则

1.1　制定本规范的目的,在于维护高产奶牛的健康,延长利用年限,充分发挥其产奶性能,降低饲养成本,增加经济效益。

1.2　本规范主要是针对一个泌乳期 305 天产奶量6 000 kg 以上、含脂率 3.4%(或与此相当的乳脂量)的牛群和个体奶牛。中等产奶水平的牛群或 305 天产奶万 kg 以上的高产奶牛,也可参考使用。

1.3　本规范的各条内容应认真执行。各地也可根据这些条款,因地制宜地制定适合本地区情况的饲养管理技术操作规程。

2. 饲料

2.1　充分利用现有饲料资源,划拨饲料基地,保证饲料供给。一头高产奶牛全年应贮备、供应的饲草、饲料量如下:

a. 青干草:1 100 ~ 1 850kg(应用一定比例的豆科干草)。

b. 玉米青贮:10 000 ~ 12 500kg(或青草青贮 7 500kg 和青草 10 000 ~ 15 000kg)。

c. 块根、块茎及瓜果类:1 500 ~ 2 000kg。

d. 糟渣类:2 000 ~ 3 000kg。

e. 精饲料:2 300 ~ 4 000kg(其中高能量饲料占 50%,蛋白质饲料占 25% ~ 30%),精饲料的各个品种应做到长年均衡供应。尽可能供给适合本地区的经济、高效的平衡日粮，其中矿物质饲料应占精料量的2%～3%。

2.2 每年应对所喂奶牛的各种饲料进行一次常规营养成分测定，并反复做出饲用及经济价值的鉴定。

2.3 提倡种植豆科及其他牧草。调制禾本科干草，应于抽穗期刈割；豆科或其他干草，在开花期刈割。青干草的含水量在15%以下，绿色，芳香，茎枝柔软，叶片多，杂质少，并应打捆和设棚贮藏，防止营养损失；其切铡长度，应在3cm以上。

2.4 建议不喂青玉米，应喂带穗玉米青贮。青贮原料应富含糖分(例如甜高粱等)、干物质在25%以上。青贮玉米在蜡熟期收贮。也可将豆科和禾本科草混贮。建议用塑料薄膜或青贮塔(窖)贮藏。制成的青贮应呈黄绿色或棕黄色，气味微酸带酒香味。南方应推广青草青贮。

2.5 块根、块茎及瓜果类应用含干物质和糖多的品种，并妥为贮藏，防霉防冻，喂前洗净切成小块。糟渣类饲料除鲜喂外，也可与切碎的秸秆混贮。

2.6 库存精饲料的含水量不得超过14%，谷实类饲料喂前应粉碎成1～2mm的粗粒或压扁，一次加工量不应过多，夏季以10天喂完为宜。

2.7 应重视矿物质饲料的来源和组成。在矿物质饲料中，应有食盐和一定比例的常量和微量矿物盐。例如白垩(非晶质碳酸钙)、碳酸钙、磷酸二钙、脱氟磷酸盐类及微量元素，并应定期检查饲喂效果。

2.8 配合饲料应根据本地区的饲料资源、各种饲料的营养成分，结合高产奶牛的营养需要，因地制宜地选用饲料，进行加工配制。

2.9 应用商品配(混)合饲料时，必须了解其营养价值。

2.10 应用化学、生物活性等添加剂时,必须了解其作用与安全性。

2.11 严禁饲喂霉烂变质饲料、冰冻饲料、农药残毒污染严重的饲料、被病菌或黄曲霉素污染的饲料、黑斑病甘薯和未经处理的发芽马铃薯等有毒饲料,严密清除饲料中的金属异物。

3. 营养需要

3.1 干奶期,日粮干物质应占体重2.0%~2.5%,每kg饲料干物质含奶牛能量单位1.75,粗蛋白11%~12%,钙0.6%,磷0.3%,精料和粗饲料比25:75,粗纤维含量不少于20%。

3.2 围产期的分娩前两周,日粮干物质应占体重的2.5%~3%,每kg饲料干物质含奶牛能量单位2.00,粗蛋白占13%,含钙0.2%,磷0.3%;分娩后立即改为钙0.6%,磷0.3%,精料和粗饲料比为40:60,粗纤维含量不少于23%。

3.3 泌乳盛期,日粮干物质应由占体重2.5%~3.0%逐渐增加到3.5%以上。每kg饲料干物质含奶牛能量单位2.40,粗蛋白占16%~18%,钙0.7%,磷0.45%,精料和粗饲料比由40:60逐渐改为60:40,粗纤维含量不少于15%。

3.4 泌乳中期,日粮干物质应占体重3.0%~3.2%,每kg饲料干物质含奶牛能量单位2.13,粗蛋白占13%,钙0.45%,磷0.4%,精料和粗饲料比为40:60,粗纤维含量不少于17%。

3.5 泌乳后期,日粮干物质应占体重3.0%~3.2%,每kg含奶牛能量单位2.00,粗蛋白占12%,钙0.45%,磷0.35%,精料和粗饲料比为30:70,粗纤维含量不少于20%。

4. 饲养

4.1 干奶期应控制精料喂量,日粮以粗饲料为主,但不应饲喂过量的苜蓿干草和玉米青贮。同时应补喂矿物质、食盐，保证喂给一定数量的长干草。

4.2 围产期必须精心饲养，分娩前两周可逐渐增加精料，但最大喂量不得超过体重的1%。干奶期禁止喂甜菜渣，适当减少其他糟渣类饲料。分娩后第1~2天应喂容易消化的饲料，补喂40~60g硫酸钠，自由采食优质饲草，适当控制食盐喂量，不得以凉水饮牛。分娩后第3~4天起，可逐渐增喂精料，每天增喂量为0.5~0.8kg，青贮、块根喂量必须控制。分娩2周以后在奶牛食欲良好、消化正常、恶露排净、乳房生理肿胀消失的情况下，日粮可按标准喂给，并可逐渐加喂青贮、块根饲料，但应防止糟渣、块根过食和消化功能紊乱。

4.3 泌乳盛期，必须饲喂高能量的饲料，并使高产奶牛保持良好食欲，尽量采食较多的干物质和精料，但不宜过量。适当增加饲喂次数，多喂品质好、适口性强的饲料。在泌乳高峰期，青干草、青贮应自由采食。

4.4 泌乳中期、后期，应逐渐减少日粮中的能量和蛋白质。泌乳后期，可适当增加精料，但应防止牛体过肥。

4.5 初孕牛在分娩前2~3个月应转入成年母牛群，并按成年母牛干奶期的营养水平进行饲喂。分娩后，为维持营养需要，应增加20%，第二胎增加10%。

4.6 全年饲料供给应均衡稳定，冬、夏季日粮不得过于悬殊，饲料必须合理搭配。配合日粮时，各种饲料的最大喂量建议为：

a. 青干草：10kg(不少于3kg)。

b. 青贮：25kg。

c. 青草：50kg(幼嫩优质青草喂量可适当增加)。

d. 糟渣类：10kg(白酒糟不超过5kg)。

e. 块根、块茎及瓜果类：10kg。

f. 玉米、大麦、燕麦、豆饼：各 4kg。

g. 小麦麸：3kg。

h. 豆类：1kg。

4.7 泌乳盛期、日产奶量较高或有特殊情况（干奶，妊娠后期）的奶牛，应有明显标志，以便区别对待饲养。饲养必须定时定量，每天喂 3～4 次，每次饲喂的饲料建议精、粗交替，多次喂给，并在运动场内设补饲槽，供奶牛自由采食饲草。在饲喂过程中，应少喂勤添，防止精料和糟渣饲料过食。

4.8 夏季日粮应适当提高营养浓度，保证供给充足的饮水，降低饲料粗纤维含量，增加精料和蛋白质的比例，并补喂块根、块茎和瓜类饲料；冬季日粮营养应丰富，增加能量饲料，饮水温度应保持在 12℃～16℃，不饮冰水。

5. 管理

5.1 奶牛场应建造在地势高燥、采光充足、排水良好、环境幽静、交通方便、没有传染病威胁和“三废”污染、易于组织防疫的地方，严禁在低洼潮湿、排水不良和人口密集的地方建场。

5.2 牛舍建筑应符合卫生要求，坚固耐用、冬暖夏凉、宽敞明亮，具备良好的清粪排尿系统，舍外设粪尿池。有条件的地方可利用粪尿池制作沼气。

5.3 在牛舍外的向阳面，应设运动场，并和牛舍相通。每头牛占用面积 $20m^2$ 左右。运动场地面应平坦，为沙土地，有一定坡度，四周建有排水沟，场内有荫棚和饮水槽、矿物质补饲槽，四周围栏应坚实、美观，运动场应有专人管理清扫粪便、垫平坑洼、排除污泥积水。

5.4 牛舍和运动场周围应有计划地种树、种草、种花，美化环境，改善奶牛场小气候。

5.5　奶牛场各饲养阶段奶牛应分群(槽)管理,合理安排挤奶、饲喂、饮水、刷拭、打扫卫生、运动、休息等工作日程,一切生产作业必须在规定时间完成,作息时间不应轻易变动。

5.6　严格执行防疫、检疫和其他兽医卫生制度,定期进行消毒,建立系统的奶牛病历档案;每年定期进行 1~2 次健康检查,其中包括酮病、骨营养不良等病的检查;春、秋季各进行一次检蹄修蹄。建议在犊牛阶段进行去角。

5.7　高产奶牛每天必须铺换褥草,坚持刷拭,清洗乳房和牛体上的粪便污垢,夏季最好每周进行一次水浴或淋浴(气温过高时应每天一至数次),并采取排风和其他防暑降温措施;冬季防寒保温。

5.8　高产奶牛每天应保持一定时间和距离的缓慢运动。对乳房容积大、行动不便的高产奶牛,可作牵行运动。酷热天气,中午牛舍外温度过高时,应改变放牛和运动时间。

5.9　高产奶牛每胎必须有 60~70 天干奶期,建议采用快速干奶法,干奶前用 CMT 法进行隐性乳房炎检查,对强阳性(+ + 以上)应治疗后干奶,在最末一次挤奶后向每个乳头内注入干奶药剂,干奶后应加强乳房检查与护理。

5.10　高产奶牛产前两周进入产房,对出入产房的奶牛应进行健康检查,建立产房档案。产房必须干燥卫生,无贼风。建立产房值班和交接班制度,加强围产期的护理,母牛分娩前,应对其后躯、外阴进行消毒。对于分娩正常的母牛,不得人工助产,如遇难产,兽医应及时处理。

5.11　高产奶牛分娩后,应及早驱使站起,饮以温水,喂以优质青干草,同时用温水或消毒液清洗乳房、后躯和牛尾。然后清除粪便,更换清洁柔软褥草。分娩后 1~1.5h,进行第一次挤奶,但不要挤净,同时观察母牛食欲、粪便及胎衣的排出情况,如发现异常,应及时诊治。分娩两周后,应作酮尿病等检查,如无疾病,食欲正常,可转大群管理。

6. 挤奶

6.1 每年应编制每头奶牛的产奶计划,建议以高产奶牛泌乳曲线(见附录 B)作参考,按照每头奶牛的年龄、分娩时间、产奶量、乳脂率以及饲料供应等情况,进行综合估算。

6.2 高产奶牛的挤奶次数,应根据各泌乳阶段、产奶水平而定。每天可挤奶三次,也可根据挤奶量高低,酌情增减。

6.3 挤奶员必须经常修剪指甲,挤奶前穿好工作服,洗净双手,每挤完一头牛应洗净手臂,洗手的水中应加 0.1%漂白粉。

6.4 奶具使用前后必须彻底清洗、消毒,奶桶及胶垫处必须清洗干净,洗涤时应用冷水冲洗,后用温水冲洗,再用 0.5%烧碱温水(45℃)刷洗干净,并用清水冲洗,然后进行蒸汽消毒。橡胶制品清洗后用消毒液消毒。

6.5 挤奶环境应保持安静,对牛态度和蔼,挤奶前先拴牛尾,并将牛体后躯、腹部及牛尾清洗干净,然后用 45℃~50℃的温水,按先后顺序擦洗乳房、乳头、乳房底部中沟、左右乳区与乳镜,开始时可用带水多的湿毛巾,然后将毛巾拧干自下而上擦干乳房。

6.6 乳房洗净后应进行按摩,待乳房膨胀,乳静脉怒胀,出现排乳反射时,即应开始挤奶。第一把挤出的奶含细菌多,应弃去。挤奶时严禁用牛奶或凡士林擦抹乳头,挤奶后还应再次按摩乳房,然后一手托住各乳区底部另一手把牛奶挤净。初孕牛在妊娠 5 个月以后,应进行乳房按摩,每次 5 分钟,分娩前 10~15 天停止。

6.7　手工挤奶应采用拳握式,开始用力宜轻,速度稍慢,待排乳旺盛时应加快速度,每分钟挤压 80~120 次,每分钟挤奶量不少于 1.5kg。

6.8　每次挤奶必须挤净,先挤健康牛,后挤病牛,牛奶挤净后,擦干乳房,用消毒液浸泡乳头。

6.9　机器挤奶真空压力应控制在 47~51 千帕,搏动器搏动次数每分钟应控制在 60~70 次,在奶少时应对乳房进行自上而下的按摩,并应防止空挤。挤奶结束后,应将挤奶机清洗消毒,然后放在干燥柜内备用。分娩 10 天以内的母牛,或患乳房炎的母牛,应改为手挤,病愈后再恢复机器挤奶。

6.10　认真做好产奶记录,刚挤下的奶必须经过滤器或多层纱布进行过滤,过滤后的牛奶,应在 2h 内冷却到 4℃以下,入冷库保藏。过滤用的纱布每次用后应该洗涤消毒,并应定期更换,保持清洁卫生。

7. 配种

7.1　建立发情预报制度,观察到母牛发情,不论配种与否,均应及时记录。配种前,除作表现、行为观察和粘液鉴定外,还应进行直肠检查,以便根据卵泡发育状况,适时输精。

7.2　高产奶牛分娩后 20 天,应进行生殖器检查,如有病变,应及时治疗。对超过 70 天不发情的母牛或发情不正常者,应及时检查,并应从营养和管理方面寻找原因,改善饲养管理。

7.3　高产奶牛产后 70 天左右开始配种,配种天数不超过产后 90 天。初配年龄以 15~16 月龄,体重为成年母牛 60%以上为宜。

7.4　合理安排全年产犊计划,尽量做到均衡产犊,在炎热地区的酷暑季节,可适当控制产犊头数。

7.5 高产奶牛应严格按照选配计划,用优良公牛精液进行配种,必须保证种公牛精液的质量。

8. 统计记录

8.1 奶牛场应逐项准确地记载各项生产记录,包括产奶量、乳脂率、配种产犊、生长发育、外貌鉴定、饲料消耗、系谱以及疾病档案(包括防疫、检疫)等。

8.2 根据原始记录,定期进行统计、分析和总结,用于指导生产。

附录 A 名词解释(补充件)

A.1 高产奶牛:305 天产奶(不足 305 天者,以实际天数统计)6000kg 以上,含脂率 3.4%的奶牛。

A.2 初产牛:指第一次分娩后的母牛。

A.3 初孕牛:指第一次怀孕后的母牛。

A.4 围产期:指母牛分娩前后各 15 天以内的时间。

A.5 泌乳盛期:母牛分娩 15 天以后,到泌乳高峰期结束,一般指产后 21~120 天以内。

A.6 泌乳中期:泌乳盛期以后、泌乳后期之前的一段时间,一般指产后 121~200 天。

A.7 泌乳后期:泌乳中期之后、干奶期以前的一段时间,一般指产后第 201 天至干奶前。

A.8 干奶期:指停止挤奶到分娩前 15 天的一段时间。

A.9 粗饲料:指各种牧草、秸秆、野草、甘薯藤、蔬菜以及用其制作的青贮、干草等。

A.10 块根、块茎及瓜果类:指甘薯、甜菜、马铃薯、南瓜、胡萝卜、芜菁等。

A.11 青干草:指以各种野草或播种的牧草为原料调制

而成的干草,不包括各种作物秸秆。

A.12　糟渣类:也称副料,主要有酒糟、粉渣、啤酒糟、豆腐渣、饴糖渣、甜菜渣、玉米淀粉渣等。

A.13　精饲料:指谷实类、糠麸类和饼粕类饲料。

A.14　矿物质饲料:主要包括食盐、骨粉、白垩、脱氟磷酸盐以及微量元素等。

A.15　日粮:一昼夜内,一头奶牛采食的各种饲料之总和。

A.16　奶牛能量单位:我国饲养标准中,以 3.14 兆焦(750 千卡)产奶净能作为一个奶牛能量单位。

A.17　CMT 隐性乳房炎检查法:(美国)加州的乳房炎试验检查隐性乳房炎的一种方法。

附录 B　泌乳期各月日产奶量统计见附表 16(参考件)

附表 16　泌乳期各月·日产奶量统计表　(单位:kg)

泌乳月 / 日产奶量 / 305 天产奶量	1	2	3	4	5	6	7	8	9	10
6500	24	28	27	26	24	21	20	18	16	13
7500	28	31	30	29	27	25	23	21	20	18
8500	29	35	34	33	31	29	27	25	21	20
9500	31	39	38	37	35	33	31	28	23	21
10500	33	43	43	41	39	38	34	30	28	21

注:这个材料系根据 19 个奶牛场 742 头高产奶牛各月产奶量的统计结果。由于地区、气候、饲养管理等条件不同,且数据尚少,本表仅供参考

附加说明：

本规范由农牧渔业部畜牧局提出。

本规范由西安市农业科学研究所负责起草。

本规范主要起草人王福兆。

本规范现已编入中华人民共和国农业行业标准 NY/T 1985

主要参考资料

1　耿世祥编著．养牛新技术．上海教育出版社,2003

2　王贞照,王永康,徐鹤龄等编著．乳牛高产技术．上海科学技术出版社,2002

3　王前,王荃,赵曦编著．养奶牛 10 招．广东科学技术出版社,2003

4　王建国主编．奶牛养殖一招富．中国农业科技出版社

5　郑伟主编．奶牛标准化生产技术．黑龙江科学技术出版社,2004

6　孟继森,张国伟主编．农村奶牛养殖 7 日通．中国农业出版社,2004

7　王锋,王元兴编著．高产奶牛养殖 7 日通．中国农业出版社,2004

8　李易方编．绿色奶源基地建设指南．中国农业出版社,2004

9　张文志,董杰,惠小强．中国荷斯坦牛体型线性鉴定．西安市奶牛繁育中心,2003

10　蒋兆春,戴杏庭主编．养牛生产关键技术．江苏科学技术出版社,2000

11　王煜．浅谈我国奶业发展与现代化．天津市乳品协会印,2004

12　王根林,王俊勋主编．科学饲养奶牛技术问答．中国农业出版社,2003

用 6.00元
秦川牛养殖技术 8.00元
晋南牛养殖技术 10.50元
牛病防治手册(修订版) 9.00元
疯牛病及动物海绵状脑病防制 6.00元
羊良种引种指导 9.00元
养羊技术指导(第二次修订版) 7.00元
农户舍饲养羊配套技术 12.50元
羔羊培育技术 4.00元
肉羊高效益饲养技术 6.00元
怎样养好绵羊 8.00元
怎样养山羊 6.50元
良种肉山羊养殖技术 5.50元
奶山羊高效益饲养技术 6.00元
关中奶山羊科学饲养新技术 4.00元
绒山羊高效益饲养技术 5.00元
辽宁绒山羊饲养技术 4.50元
波尔山羊科学饲养技术 8.00元
小尾寒羊科学饲养技术 4.00元
湖羊生产技术 7.50元
夏洛莱羊养殖与杂交利用 7.00元
无角陶赛特羊养殖与杂交利用 6.50元
萨福克羊养殖与杂交利用 6.00元
羊病防治手册(修订版) 7.00元
羊病诊断与防治原色图谱 19.00元
科学养羊指南 19.00元
绵羊山羊科学引种指南 6.50元
南江黄羊养殖与杂交利用 6.50元
科学养兔指南 21.00元
简明科学养兔手册 7.00元
专业户养兔指南 10.50元
长毛兔饲养技术(第二版) 3.80元
长毛兔高效益饲养技术(修订版) 9.50元
獭兔高效益饲养技术(修订版) 7.50元
肉兔高效益饲养技术(修订版) 10.00元
养兔技术指导(第二次修订版) 9.00元
肉兔无公害高效养殖 10.00元
实用养兔技术 5.50元
家兔配合饲料生产技术 10.00元
家兔良种引种指导 8.00元
兔病防治手册(第二次修订版) 8.00元

以上图书由全国各地新华书店经销。凡向本社邮购图书者,另加10%邮挂费。书价如有变动,多退少补。邮购地址:北京太平路5号金盾出版社发行部,联系人徐玉珏,邮政编码100036,电话66886188。